Markus Egert / Frank Thadeusz

Ein Keim kommt selten allein

Prof. Dr. Markus Egert
Frank Thadeusz

# Ein Keim kommt selten allein

Wie Mikroben unser Leben bestimmen
und wir uns vor ihnen schützen

ullstein extra

MIX
Papier aus verantwortungsvollen Quellen
FSC® C083411
FSC www.fsc.org

Ullstein extra ist ein Verlag der Ullstein Buchverlage GmbH
www.ullstein-extra.de

ISBN 978-3-86493-068-3


Foto S. 97: gettyimages
Gesetzt aus der Quadraat
bei Pinkuin Satz und Datentechnik, Berlin
Druck und Bindung: CPI books GmbH, Leck
Printed in Germany

Für Massimiliano Cardinale,
Dietmar Egert und Dorit Egert

# prolog

»Dass du ein Hygieneexperte sein sollst, habe ich erst aus der Zeitung erfahren«, sagte meine Frau einmal. Sie meinte damit, dass ich in unserer Familie nicht gerade als Putzteufel gelte, obwohl ich doch Professor für Mikrobiologie und Hygiene bin.

Ich gebe zu, privat neige ich eher weniger zum Gebrauch eines Putzlappens. Das hat aber einen simplen Grund. Das Wort »Keim« löst bei mir keine Panik aus. Wenn ich von »Bakterien« höre, denke ich nicht zuerst an Probleme, sondern an eine famose Gemeinschaft von Lebewesen.

Dieses Buch handelt von unseren täglichen Begegnungen mit Mikroorganismen wie Bakterien, Pilzen und Viren – es ist die Geschichte einer der schwierigsten Beziehungen überhaupt: jener zwischen Mensch und Mikrobe.

Wir betrachten Keim & Co. hauptsächlich als Feinde, die es auszumerzen gilt. Möglichst mit allen Mitteln, die unser Arsenal an scharfen Reinigern zur Verfügung stellt. Doch die Mikrobiologen fangen gerade erst an, die Welt der Mikroben zu verstehen. Und ahnen dabei schon jetzt: Deren verborgenes und geheimnisvolles Universum ist uns freundlicher gesonnen, als wir bisher glaubten.

Ich werde im Folgenden schildern, dass ein steriles Leben ohne Mikroorganismen in unseren Häusern und Wohnungen schlicht unmöglich ist. Milliarden von Einzellern wuseln in jedem Moment unseres Lebens um uns herum. Sie hausen auf unserer Haut und sogar in unserem Körper – jeder Mensch beherbergt die unvorstellbare Zahl von zehn Billionen Mikroorganismen. Außerdem ist interessant zu wissen, dass uns übertriebene Hygiene regelrecht krank machen kann. Und dass uns immer wieder Bakterien auf die Beine helfen, wenn wir denn krank geworden sind.

Ich bin kein versponnener Wissenschaftler, der sein Forschungsobjekt esoterisch verehrt. Zu unserem Zusammenleben mit Mikroorganismen gehört es einfach, diese lieben kleinen Biester mitunter umzubringen. Denn leider gibt es unter ihnen auch Schurken, die uns an die Substanz wollen.

Antibiotika, Desinfektions- und Reinigungsmittel gehören zu den Segnungen der Zivilisation und haben unsere Lebenserwartung deutlich verlängert. Doch ihr Einsatz muss mit Bedacht geschehen. Ansonsten kann der Schuss auf die Mikroben nach hinten losgehen. Und nicht nur das: Uns Mikrobiologen wird immer klarer, dass wir einen Fehler begehen, wenn wir alle Mikroben auslöschen; denn dann töten wir auch die vielen guten, nur um ein paar böse zu erwischen.

Mikroorganismen waren die ersten Lebewesen auf diesem Planeten. Und sie werden mit Sicherheit auch die letzten sein, bevor die Erde in zwei bis drei Milliarden Jahren durch die Sonne verglüht. Es waren Einzeller, die dafür gesorgt haben, dass wir auf unserem schönen blauen Planeten überhaupt leben können. Wir haben ihnen viel zu verdanken!

Mich hat immer schon gestört, dass man über Mikroben in den Tiefen des Marianengrabens oder der sibirischen Tundra mehr weiß als über die Einzeller in unserem Alltag. Gemeint sind genau jene Wegbegleiter, die unbeachtet in unseren Waschmaschinen und Küchenschwämmen kauern.

Ein Leben ohne Mikroorganismen wäre ziemlich trostlos: Sie produzieren Lebensmittel wie Käse, Salami, Wein und Bier. Ihnen verdanken wir lebensnotwendige Medikamente wie Insulin und wichtige Chemikalien wie Zitronensäure und Ethanol.

Keine Kuh könnte ohne Mikroben in ihrem Magen Gras verdauen und Fleisch ansetzen. Und auch wir würden ohne sie übrigens keinen Pups von uns geben.

Viele Pflanzen holen sich mithilfe von Mikroben an ihren Wurzeln lebensnotwendigen Stickstoff aus der Luft, werden also mikrobiell gedüngt. In Kläranlagen fressen Mikroben den Dreck aus dem Abwasser. In Biogasanlagen erzeugen sie aus Abfällen Methangas zur Energiegewinnung.

Viele Mikroben teilen sogar einige liebenswerte Eigenschaften mit uns: Bakterien sind ziemliche Plaudertaschen, die sich sehr effektiv in großen Gruppen verabreden können. Sie hängen gern mit ihresgleichen ab und laden auch noch die bucklige Verwandtschaft dazu – ein Keim kommt eben selten allein!

Am liebsten würden sie aber die ganze Zeit nur essen. Von Haus aus sind sie eher Sexmuffel, die sich aber ab und an doch mal zum Äußersten aufraffen.

Vor ein paar Jahren fragte mich mein Vater, was ein Mikrobiologe eigentlich den ganzen Tag so macht. Meine flapsige Antwort ärgert mich bis heute: »Farblose Flüssigkeiten von einem kleinen Behälter in einen anderen umfüllen.«

Ich hätte ihm besser von dem spannenden Leben der Mikroorganismen erzählen sollen. Das will ich nun mit diesem Buch nachholen. Wenn Sie, liebe Leser, unsere winzigen Mitbewohner nach der Lektüre mit anderen Augen sehen, habe ich mein Ziel erreicht.

# 1. Keim oder nicht Keim

## Der Urkeim – ein Workaholic, dem wir alles verdanken

Vorträge zur Haushaltshygiene beginne ich gern mit: »Hallo, mein Name ist Markus Egert und ich untersuche Sachen, von denen die meisten Leute sagen: Das will ich eigentlich alles gar nicht so genau wissen!« Viele Menschen empfinden zunächst Widerwillen, wenn es um Keime und Bakterien geht. Zu unappetitlich erscheint dieses Thema, vielleicht auch zu unheimlich. Denn hier geht es um Dinge, die sich im Verborgenen abspielen.

Doch diese Scheu verfliegt in der Regel schon nach wenigen Minuten. Denn Haushaltshygiene betrifft wirklich jeden von uns – und lässt letztlich keinen kalt. Nach meiner Erfahrung halten sich die meisten für sehr reinlich und vernünftig im Umgang mit Putzlappen und Allesreiniger. Gespottet wird eher über andere. Wer hat nicht einen Bekannten, dem man immer schon mal gern zum Geburtstag eine Packung Wischtücher geschenkt hätte? Und sicher gibt's irgendwo auch eine Freundin, die man nicht mehr ganz so oft besucht, weil sie einem mit ihrem Putzfimmel auf den Geist geht.

Dass ich mich als Mikrobiologe diesem Thema gewidmet habe, war sicher kein Selbstläufer. Es ist nicht gerade so, dass ich mich zu Hause darum reiße, wenn's ums Saubermachen geht. Promoviert habe ich über Mikrobengemeinschaften im Darm von afrikanischen Rosenkäferlarven, Maikäfer-Engerlingen und Regenwürmern. Wer jetzt den Eindruck bekommt, die Mikrobiologie sei eigentlich ein überflüssiges Orchideenfach, den kann ich beruhigen. Ich behaupte, dass gerade Mikrobiologen heute über eine Jobgarantie verfügen.

Denn sie werden wirklich an fast allen Ecken und Enden gebraucht, damit unser modernes Leben funktioniert. Mikrobiologen müssen überprüfen, dass weder in unsere Lebensmittel noch in unser Trinkwasser gefährliche Keime geraten. Viele Pharmazeutika müssen sogar steril, also absolut keimfrei sein. Selbst in den Tauchbädern der Automobilindustrie, in welche die Karossen zur Lackierung versenkt werden, dürfen sich Keime nur in geringer Zahl befinden. Sonst bestünde die Gefahr, dass sich die Einzeller auf dem Metall niederlassen und der Lack später nicht richtig haftet.

## Abenteuerspielplatz für Mikrobiologen

Dass ich Haushalts-Hygieniker wurde, war ein Zufall. Im Jahr 2006 ging ich zum Düsseldorfer Konsumgüterhersteller Henkel. Für einen arglosen Wissenschaftler von der Universität ist so ein Karriereschritt erst mal ein Wechsel auf die dunkle Seite der Macht. Denn dort wird Forschung nicht mehr nur um der Forschung willen betrieben, sondern um mehr Waschmittel, Spüli oder Deos zu verkaufen.

Ich wurde Laborleiter in der Abteilung für Mikrobiologie. Mein Hauptgebiet war zunächst die Körpergeruchs- und Deoforschung. Es war, als wäre ich in einen großen Abenteuerspielplatz für Mikrobiologen geraten! Einer der alten Chefs sprach gern von Herrn Egerts Sandkasten, wenn ich Projektideen mit meinen neuen Uni-Methoden präsentierte.

Wir erforschten zum Beispiel die Auswirkungen von Kosmetik auf die Hautflora. Dazu haben wir Keime aus der Achselhöhle von Kollegen isoliert und untersucht, welche von ihnen Stinkstoffe produzieren. Später beschäftigten wir uns noch mit Stinker-Bakterien von Auto-Klimaanlagen, der Waschmaschinen-Flora und der Wirkung von Reinigungsmitteln auf die Mikroben in einem Haushalt.

Außerdem untersuchten wir Enzyme aus gentechnisch veränderten Bakterien, die in der Lage waren, beim maschinellen Waschvorgang die Flecken auf der Wäsche zu verdauen. Das ist ein bisschen wie im Labor von Dr. Frankenstein. Doch die moderne Mikrobiologie macht's möglich: Kein Problem, am Reißbrett einen Mikroorganismus nach Maß zu erschaffen, der genau das tut, was man will. Na ja, fast.

Andererseits: Mit lebenden Mikroorganismen arbeiten Mikrobiologen noch ziemlich genauso, wie es der Entdecker des Tuberkulose-Erregers, Robert Koch, schon vor knapp 150 Jahren getan hat: mit festen oder flüssigen Nährmedien. Denn nur bei lebenden Mikroben kann man tatsächlich testen, wie sie auf bestimmte Umweltreize, zum Beispiel Reinigungsmittel oder Deowirkstoffe, reagieren.

Man vergisst leicht, dass Mikroorganismen Lebewesen sind, die einen eigenen Stoffwechsel besitzen. Sie sind nur tausendstel Millimeter groß, und um sie zu sehen, braucht man ein Mikroskop. Diese kleinsten Bewohner der Erde sichtbar werden zu lassen, war vor fast 350 Jahren ein Riesenschritt. Der erste

Mensch, der Bakterien erstmals verlässlich gesehen und beschrieben hat, war Antoni van Leeuwenhoek, ein holländischer Hobby-Linsenschleifer und Optiker. Dieser Mann wusste allerdings noch nicht wirklich, mit wem er es zu tun hatte. In Unkenntnis ihrer Existenz glaubten selbst im 19. Jahrhundert noch Mediziner, dass Krankheiten durch üble Gerüche verursacht werden, bis der bereits erwähnte Robert Koch über ihre wahre Natur aufklärte.

## Mikroben im Mixer

Alle Mikroben sind Einzeller. Dass sie in dieser Form existieren können, ist durchaus bemerkenswert. Wenn Mikrobiologen den wahren Unterschied zwischen Mikroorganismen, also Einzellern, und höheren, mehrzelligen Lebewesen erklären wollen, haben sie ein ganz einfaches Unterscheidungskriterium zur Hand: Alles, was man in einen Mixer stecken kann, ohne es zu töten, sind Mikroorganismen. Der Hintergrund: In Mehrzellern haben sich die einzelnen Zellen so spezialisiert, dass sie alleine unter natürlichen Bedingungen nicht mehr lebensfähig sind. Werden sie auseinandergerissen, können sie danach keinen vollständigen Organismus mehr aufbauen.

Mikroorganismen sind dagegen potenziell unsterblich. Sie vermehren sich stur durch Zweiteilung oder – wissenschaftlich ausgedrückt – exponentielles Wachstum: aus einer Zelle werden zwei neue, daraus vier, daraus acht ... Wohin so was führt? Aus einer einzigen Zelle, die sich über 48 Stunden alle 20 Minuten teilt, entsteht eine Biomasse, die etwa 3000-mal schwerer ist als die Erde.

Zu den Mikroorganismen oder Mikroben gehören die Bakterien und auch die Archaeen, eine weniger bekannte Schwesterngruppe der Bakterien, die zum Beispiel in Biogasanlagen Methan zum Heizen erzeugen. Daneben sind Pilze, Algen, einzellige Tiere (Protozoen) und auch Viren Mikroorganismen. Letztere sind Sonderlinge, die keine Lebewesen, sondern »nur« komplizierte Moleküle ohne eigenen Stoffwechsel sind.

Bakterien stellen sicher die am besten untersuchten Mikroben dar. Sie sind in der Lage, chemische Reize wahrzunehmen, und viele von ihnen besitzen sogar eine Art Motor, mit dem sie sich fortbewegen können. Der Begriff »Keime« wird oft synonym für Krankheitserreger verwendet. Das ist ungerechtfertigt! Die meisten Mikroben sind für Menschen völlig harmlos.

Bakterien haben im Gegensatz zu den Zellen von Pilzen, Algen, Protozoen und allen höheren Lebewesen keinen Zellkern. Sie werden Prokaryoten genannt. Und dennoch sind unsere Zellen mit den Bakterien direkt verwandt. Genauer gesagt, sind wir sogar aus ihnen hervorgegangen. Vor langer Zeit verkuppelten sich Bakterien und Archaeen zu sogenannten Eukaryoten: Zellen mit einem Zellkern, aus denen letztlich auch Menschen gemacht sind.

Wir verdanken den Mikroorganismen also nicht weniger als unsere Existenz! Alles Leben auf unserer Erde ist aus ihnen hervorgegangen. Es ist schon tragisch: In der Schöpfungsgeschichte werden diese winzigen Lebewesen, die wir mit bloßem Auge nicht erkennen können, mit keiner Silbe erwähnt. Dabei verdienen Bakterien und Mikroorganismen eigentlich ein dickes Extrakapitel in jedem Buch, das vom Werden des Menschen handelt.

Mikroben waren die ersten Bewohner auf unserem Planeten, als dieser noch einem lebensfeindlichen Inferno glich – und nicht jener lieblichen Welt mit Rosenduft und Vogelgezwitscher, die wir heute unser Zuhause nennen. Würden Mikroben diese beinahe verstörende Widerstandsfähigkeit nicht besitzen,

*Zur Welt der Mikroorganismen (Mikroben, Keime) gehören Lebewesen, die als Einzeller lebensfähig sind und deren Zellen man nicht mit bloßem Auge sehen kann: Die Zellen der Bakterien und Archaeen haben keinen Zellkern (Prokaryoten), die der Pilze, Algen und Protozoen (Eukaryoten) schon. Viren sind keine Lebewesen, sondern nur komplizierte Moleküle. Die Abbildung ist nicht maßstabsgerecht. Prokaryoten sind ungefähr einen Millionstel Meter groß, Viren ca. zehnmal kleiner, Eukaryoten ca. zehnmal größer.*

wäre unsere Erde eine unbewohnbare Wüstenei geblieben. Kein Mensch und kein Tier hätten hier je überlebt, und Bäume und Blumen würden nicht existieren.

In unserem Zuhause betrachten wir Mikroorganismen gerne als Eindringlinge. Machen wir uns nichts vor: Wir wohnen bei ihnen, nicht sie bei uns!

## Der Urahn allen Lebens: ein Keim

Zugegeben, es ist eine Herausforderung, Wertschätzung für einen Organismus zu empfinden, der etwa 40-mal kleiner ist als ein menschliches Haar und zudem einen ziemlich miesen Ruf besitzt. Und doch führt kein Weg an dieser fundamentalen Erkenntnis vorbei: Alles Leben auf der Erde geht auf einen Superkeim zurück, der vielleicht schon vor 4,3 Milliarden Jahren die Bühne betrat.

Wissenschaftler gaben diesem ersten zellulären Lebewesen auf der Erde den Namen LUCA – eine Abkürzung für »Last Universal Common Ancestor« (»Letzter universeller, gemeinsamer Vorfahre«). Als er auftauchte, war die Erde vermutlich gerade erst wenige hundert Millionen Jahre alt.

Keime hinterlassen keine Zeugnisse ihres Daseins, die auch nur annähernd so eindrucksvoll sind wie das Skelett eines *Tyrannosaurus rex*. Dass es überhaupt Belege für ihre frühe Existenz gibt, verdanken wir paradoxerweise dem Klimawandel. Durch die Erderwärmung werden zunehmend uralte Gesteinsformationen freigelegt, an die zuvor kein Mensch herangekommen ist.

Im Nuvvuagittuq-Grünsteingürtel in der kanadischen Provinz Québec etwa entdeckte kürzlich ein britisch-australisches Forscherteam 4,3 Milliarden Jahre alte Gesteine mit röhrenartigen Strukturen. Solche Gebilde sind auch heute noch ein typisches Stoffwechselprodukt von Mikroorganismen, die in der Nähe von heißen vulkanischen Quellen am Tiefseeboden leben. Denn das Wasser dieser sogenannten Black Smokers ist überaus nährstoffreich.

## Sauerstoff – ein Zufallsprodukt

Die junge Erde, auf der LUCA auftauchte, war ein lebensfeindlicher Ort. Die Erdatmosphäre, die uns vor der tödlichen UV- und Röntgen-Strahlung der Sonne schützt, gab es in ihrer jetzigen Form längst noch nicht. Deshalb war natürlich auch kein Sauerstoff vorhanden. Außerdem war es sehr heiß. LUCA kam im Wasser auf die Welt.

Sauerstoff ist der Schlüssel allen höheren Lebens auf unserer Erde. Die Entstehung unserer Atemluft ist ein Wunder, das wir den sogenannten Cyanobakterien (Blaualgen) verdanken. Sie schufen sich aus Sonnenlicht, dem Kohlenstoffdioxid der Luft und Wasser ihre eigene Nahrung: Kohlenhydrate. Der freie, gasförmige Sauerstoff entstand dabei als Abfallprodukt dieser Photosynthese.

Es dauerte rund anderthalb Milliarden Jahre, ehe die Sauerstoffkonzentration in der Atmosphäre bei knapp 21 Prozent lag. Das ist exakt jener Wert, mit dem wir heute prächtig existieren. Dieser Zustand war erstmals vor rund einer Milliarde Jahren erreicht. Mit so viel Sauerstoff als Energiequelle zum Atmen konnte die Vielfalt des Lebens explodieren, und der blaue Planet wurde grün. Außerdem entstanden die höheren, also mehrzelligen Lebensformen.

Doch keines der zahlreichen Lebewesen, die bis heute entstanden sind, kann seine Herkunft verleugnen. Wir alle stammen von LUCA ab und sind deshalb auch miteinander verwandt; vom Bakterium über die Seegurke, von der Kartoffel und der Fruchtfliege bis hin zum Schimpansen und Menschen teilen wir gemeinsame Merkmale, wie zum Beispiel eine DNA als Erbgut oder die Art und Weise, Proteine (Eiweiße) herzustellen.

Das bedeutet auch, dass die Mikroorganismen mit uns aufs Intimste verwoben sind. Denn jede unserer Zellen enthält »eingewanderte« Bakterien-Zellen, die als sogenannte Mitochondrien rund 90 Prozent unserer Energie erzeugen.

Die meisten Wissenschaftler gehen davon aus, dass das Leben auf der Erde entstanden ist. Aber eine Sache könnte stutzig machen: die Fähigkeiten mancher Mikroorganismen, selbst feindlichste Lebensbedingungen zu überstehen. Woher kommt diese Zähigkeit? Wir wissen ja inzwischen, dass die Evolution nicht gerade zur Hektik neigt und in sehr kleinen Schritten vorangeht. Aber diese Mikroben haben sich offenbar in vergleichbar kurzer Zeit eine verblüffende Widerstandskraft antrainiert.

Dazu gibt es eine Theorie, die allerdings in der seriösen Wissenschaft nicht allzu viele Anhänger hat. Aber gönnen wir uns kurz den wohligen Schauer des Grauens, der den Charme dieser These ausmacht: Es sei zumindest theoretisch möglich, dass die Erde aus dem Weltraum »angeimpft« worden ist, behaupten die Vertreter der Panspermie. Demnach wären also bereits entwickelte Sporen außerirdischen Lebens auf unseren verwaisten Planeten herabgerieselt und hätten diesen kolonisiert. Demnach wären wir alle Aliens.

## Die ältesten Individuen, die jemals lebten

Amerikanische Mikrobiologen haben in Salzkristallen, die mehr als 250 Millionen Jahre alt waren, eingeschlossene Sporen von Bakterien entdeckt. Die Forscher päppelten die scheinbar erloschenen Winzlinge mit einer Nährlösung aus Zucker, Vitaminen und Spurenelementen. Die Mixtur erwies sich als wahrer Zaubertrank. Die Sporen erwachten wieder zum Leben, als wäre nichts gewesen.

Diese Bakterien sind mit einem beachtlichen Alter von 250 Millionen Jahren die ältesten Individuen, die jemals auf der Erde gelebt haben. Zum Vergleich: Der nachweislich älteste Mensch wurde gerade mal 122 Jahre alt. Umso einleuchtender erscheint, dass Mikroorganismen mit solchen Fähigkeiten auch eine Reise durch den Weltraum überleben könnten – etwa als Passagiere auf einem Meteoriten.

Selbst der Aufprall auf die Erde würde ihnen vermutlich nicht den Garaus machen. Die Resistenz von Bakterien-Sporen beruht auf einer mehrschichtigen, extrem dichten Hülle und einem nahezu auf null herunterregulierten Stoffwechsel. Diese Lebensformen trotzen großer Hitze, Trockenheit, Nährstoffmangel und selbst Antibiotika.

Mikroben haben in den 4,3 Milliarden Jahren ihrer Evolution nahezu jeden Winkel der Erde besiedelt. Man findet sie noch etliche Kilometer tief in der Geosphäre; aber auch bis hinauf in die höchsten Höhen der Stratosphäre. Es gibt fast keinen natürlichen Ort auf der Erde, der steril, also keimfrei wäre (von glühender Magma vielleicht mal abgesehen). Jede Mikrobe kann schon aufgrund ihrer geringen Größe an jeden Ort der Welt gelangen. Ob sie sich dort allerdings auch wohlfühlt, überlebt und vermehrt, hängt von den jeweiligen Umweltbedingungen ab.

Das bedeutet: Wir haben durchaus Einfluss darauf, ob Mikroorganismen Kühlschrank, Bett oder Toilette in unserer Wohnung als idealen Wohnort für sich entdecken. Sich vor Mikroben schützen oder gar verstecken zu wollen ist jedoch zwecklos. Wir werden sie schlicht nie los.

LUCA und seine Nachfolger halten es hier auf der Erde schon gut vier Milliarden Jahre aus. Die Dinosaurier kamen gerade mal für 170 Millionen Jahre vorbei – eine vergleichsweise kurze Episode. *Homo sapiens* bringt es erst auf eine läppische Verweildauer von 200 000 Jahren auf der Erde.

Mikroben wie Bakterien waren also die Ersten auf der Erde. Und nicht nur das. Wenn in etwa zwei bis drei Milliarden Jahren die Sonne unseren Erdball unausweichlich verglüht, dann werden sie sicher auch die Letzten sein.

# Zusammen sind sie stark – warum Keime echte Familienmenschen sind

Wenn Tiere brummen oder brüllen, dann unterhalten sie sich vermutlich gerade mit einem Artgenossen. Heringe tun das sogar, indem sie pupsen. Dass Tiere tatsächlich miteinander plauschen, war eine höchst überraschende Erkenntnis der Evolutionsbiologie.

Auch Pflanzen pflegen untereinander einen regen Austausch, wenn es sein muss. Will sich etwa ein Tier oder ein Insekt an dem Grünzeug vergehen und daran knabbern, wehrt sich die bedrängte Pflanze nicht nur mit unangenehmen Bitterstoffen – über flüchtige chemische Signale versetzt sie sogleich auch ihre Nachbarschaft in Alarm.

Mikroorganismen würde man die phantastische Kulturleistung der Kommunikation natürlich überhaupt nicht zutrauen. Doof wie Brot und nur dazu da, um sich zu vermehren – dieses wenig schmeichelhafte Image haftet den Stiefkindern unseres Ökosystems im Grunde bis heute an. Entsprechend groß war die Skepsis, als der Biochemiker J. Woodland »Woody« Hastings von der Harvard-Universität in Cambridge erstmals die These formulierte, dass Mikroben im Verborgenen kommunizieren.

Doch Hastings ist inzwischen anerkannt. Für die verblüffende Fähigkeit der Mikroben, sich regelrecht zu verabreden und in großen Gruppen zu organisieren, hat sich in der Mikrobiologie der etwas sperrige Ausdruck »Quorum Sensing« durchgesetzt. Dies besagt, dass die Einzeller anscheinend wahrnehmen können, wie viele ihrer Artgenossen in der Nähe sind. Und dass sie dieses Wissen zu ihrem Vorteil nutzen.

Offenbar entwickelten die kleinsten Lebensformen unseres Planeten ein erstaunlich komplexes Kommunikationssystem, das ganz unterschiedliche Bedürfnisse zum Ausdruck bringen kann. Allein in den vergangenen Jahren haben Forscher rund zwanzig verschiedene Signalmoleküle identifiziert, mit denen sich Mikroben unterschiedliche Botschaften zukommen lassen. Und damit ist vermutlich erst ein Bruchteil ihrer Unterhaltungsformen dechiffriert.

## Das Sprachwirrwarr der Mikroben

Alle Zeichen deuten darauf hin, dass die Einzeller sich durch ein regelrecht babylonisches Sprachwirrwarr manövrieren müssen. Nicht jedes Bakterium kann auch jede Botschaft verstehen. Wie genau die Bakterien die für sie interessanten Moleküle aus der Fülle der Botenstoffe herausfiltern, ist Gegenstand hochspannender aktueller Forschung und bislang noch in weiten Teilen unverstanden.

Woody Hastings hat jedoch schon in den 1970er Jahren begonnen, anhand des Zwergtintenfischs *Euprymna scolopes* nachzuweisen, wie sich das Quorum Sensing konkret für die Mikroorganismen auszahlt: Der Unterwasserbewohner lebt an der Küste Hawaiis; in den mondklaren Nächten des Pazifischen Ozeans wäre er für seine Feinde als dunkler Fleck allerdings leicht auszumachen. Deshalb verfügt *Euprymna scolopes* über ein

Leuchtorgan, das er unter Wasser einschalten kann und dessen Licht seine Konturen verwischt.

Der Tintenfisch ist aber selbst gar nicht in der Lage, zu leuchten. Ein Gehilfe erledigt das für ihn: eine Mikrobe namens *Aliivibrio fischeri*.

Gleich nachdem der Squid aus dem Ei geschlüpft ist, beginnt er damit, die für ihn so wichtigen Bakterien aus dem Meerwasser zu saugen. Die Einzeller werden dann direkt in den Leuchtapparat des Tintenfischs geleitet, wo sie sich zügig vermehren, bis sie die zum Leuchten erforderliche Zahl erreicht haben – rund zehn Milliarden! Ist dieser kritische Schwellenwert erreicht – Bling! –, fängt die versammelte Gemeinde an zu leuchten. Eine einzelne Mikrobe wäre nur eine schwache Funzel, die ihre Energie vergeudet. Zehn Milliarden hingegen leuchten wie ein Flakscheinwerfer.

Die Mikrobe handelt dabei durchaus nicht aus Selbstlosigkeit. Sie erhält für ihre Dienste eine schützende Behausung sowie Zucker und andere Nährstoffe von ihrem Wirtstier.

Was Mikrobiologen an der kuriosen Kooperation zwischen Tintenfisch und Bakterium besonders fasziniert, ist die naheliegende Frage: Wie nur bringen es die Einzeller fertig, zehn Milliarden Artgenossen zu erkennen?

Aus irgendeinem Grund wissen die winzigen Lebewesen, dass sie nur gemeinsam stark sind – und das macht sie ungemein gesellig. Zwar bestehen sie aus wenig mehr als einer Fetthülle, die mit Proteinen und DNA gefüllt ist. Doch Bakterien verfügen auch über Rezeptoren, mit denen sie bestimmte Reize ihrer Umwelt wahrnehmen können, zum Beispiel die Zuckermoleküle des Tintenfischs. Außerdem besitzen sie die Fähigkeit, Moleküle auszuscheiden, in denen Informationen enthalten sind.

Um auf sich aufmerksam zu machen, scheiden die Bakterien

fleißig Moleküle aus und rufen damit in die Runde: »Hallo, ich bin hier, ist sonst noch jemand da?« Wenn dieser Ruf laut genug ist, das heißt genügend Botenstoff vorhanden ist, zeigt dies eine ausreichend hohe Keimzahl an. Erst dann schalten die Bakterien ihre biochemisch aufwendige Leuchte an.

## Antrieb mit 3000 Umdrehungen

Nicht immer werden die Mikroben geradezu von allein zur Futterkrippe gestrudelt, so wie *Aliivibrio fischeri*, der regelrecht zu seinem Glück gezwungen wird. Mitunter dümpeln Bakterien auf der Suche nach Nahrung und Gesellschaft auch recht orientierungslos durch die Gegend. Nicht selten kommt dann, wie beim Taxifunk, der rettende Anruf eines Kollegen in der Nähe: »Komm mal vorbei, hier wirst du gebraucht.« Und in so einem Fall können Bakterien zügig Fahrt aufnehmen.

Dabei stellt sich natürlich umgehend die Frage: Wie kommt eine Mikrobe eigentlich vom Fleck?

Viele Mikroorganismen besitzen statt Armen und Beinen sogenannte Flagellen, die wie dünne Seile aus ihrem Körper hängen. Bei Bedarf verwandeln sich diese fadenförmigen Gebilde in einen Propeller, der von einer Art Elektromotor angetrieben wird. Auf bis zu 3000 Umdrehungen pro Minute können Mikroben damit beschleunigen.

Es kommt allerdings auch vor, dass ein Bakterium scheinbar planlos durch die Gegend torkelt. Mikrobiologen sprechen dann wirklich von »Taumeln«. Aber auch hinter dieser Art der Fortbewegung steckt Methode. Die Bakterien testen aus, in welcher Richtung sie Verhältnisse vorfinden, die ihnen angenehm sind.

Man könnte vermuten, dass die vermeintlich anspruchslosen

Einzeller sich einfach irgendwo niederlassen. Doch wie lebendige Detektoren prüfen die Kleinstlebewesen ihre Umgebung auf günstige Lebensverhältnisse und erspüren, ob sich in ihrer Nähe Beute befindet.

Sie erkennen beispielsweise an der chemischen Zusammensetzung ihres Umfeldes, ob sich hier womöglich eine Nahrungsquelle auftut.

Der menschliche Körper ist für unsere unsichtbaren Mitbewohner ähnlich einladend wie das Schlaraffenland. Die Mikroben genießen unsere angenehme Körpertemperatur. Sie finden hier aber auch ein unerschöpfliches Reservoir an Nahrung. Alles, was wir uns selbst leicht angewidert aus dem Gesicht wischen oder von der Kleidung bürsten, schlemmen Bakterien besonders gern: etwa Sekrete oder Hautschuppen. Und erst recht Blut.

Eine bemerkenswerte und gleichermaßen eklige Gemeinschaftsleistung der Bakterien ist der Biofilm. Dieser Schleimfilm entsteht, wenn Billionen von Mikroben aufeinander hocken und Moleküle auspupsen, die zu einer mächtigen Matte verkleben. In diesem sumpfigen Umfeld fühlen sich Bakterien und andere Mikroorganismen besonders wohl, denn dort sind sie nahezu unangreifbar. An der Entstehung dieser mikrobiellen Mega-Citys ist auch wieder das Quorum Sensing beteiligt.

In der Medizin und Hygiene sind Biofilme zu einem erheblichen Problem geworden. Studien belegen beispielsweise, dass bis zu fünfzig Prozent aller Patienten, die länger als eine Woche an einen Blasenkatheter angeschlossen sind, an einer Harnwegsinfektion erkranken. Denn in und an den Kunststoffschläuchen bilden Keime umgehend Biofilme.

Menschen, die an Mukoviszidose erkrankt sind, leiden an einer chronischen Lungeninfektion. Verantwortlich dafür ist ein

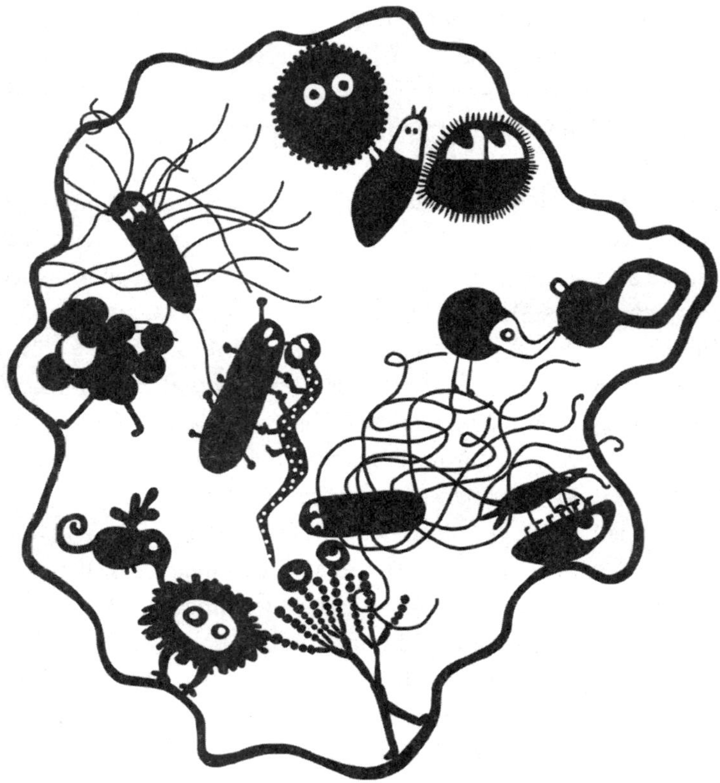

*In einem Biofilm leben viele verschiedene Mikroorganismen sehr gut geschützt in einer Schleimmatrix auf einer Oberfläche. Sie fressen dort zusammen und können leicht genetisches Material austauschen. Sie reden sogar miteinander, durch den Austausch von Botenstoffen. Diese Form der Kommunikation nennt man Quorum Sensing.*

übler Keim namens *Pseudomonas aeruginosa*. Dieser Widerling bildet im Lungengewebe der Betroffenen einen derart hartnäckigen Biofilm, dass selbst die schweren Geschütze einer langfristigen Antibiotika-Therapie kaum Wirkung zeigen.

Beispiele für diese Gebilde finden sich auch in allernächster Nähe: etwa der pelzige Belag auf den Zähnen nach einem Tag ohne Zahnbürste. Dieser Wegbereiter für Mundgeruch und Karies entsteht, wenn sich Milliarden von Bakterien zusammenfinden.

Auch die Spüle zu Hause ist ein Hotspot für Mikroben. Meine Schwiegermutter verwendete das wunderbare Wort »Ausglänzen« dafür, wenn sie die Spüle auf Hochglanz polierte. Aber schon ein paar Zentimeter tiefer beginnt der Ärger. Es ist ja gar nicht so falsch, wenn böse Zungen behaupten, das Wort »Siphon« käme von »Siff«. Die Anzahl von Bakterien, die sich in so einem Abflussrohr zusammenfindet, übersteigt auch das abstrakteste menschliche Mengenverständnis. Dem Biofilm, der sich in einer solchen Röhre bildet, ist weder mit kochendem Wasser noch mit Domestos beizukommen; und auch Hammer und Meißel würden wohl nicht helfen.

## Schutzgemeinschaft im Biofilm

Wissenschaftler nehmen krankheitsauslösende Mikroben zunehmend als bedrohliche Macht wahr. Mediziner gestehen längst ein, dass sie mit der Anpassungsfähigkeit des Gegners kaum Schritt halten können. Unsere derzeit effizienteste Waffe im Kampf gegen gefährliche Keime ist das Antibiotikum. Doch dieser Wirkstoff ist überhaupt nicht dafür ausgelegt, Mikroben als komplexe Gemeinschaft anzugreifen. Starr versucht das Antibiotikum, am Krisenherd im Körper jedes Bakterium einzeln unschädlich zu machen – egal, ob es sich um eine für uns nützliche oder schädliche Mikrobe handelt.

Gegen die Schutzgemeinschaft des Biofilms ist das Medikament indes machtlos. Es ist nämlich nicht in der Lage, dessen schleimige Schutzhülle zu durchdringen.

Zudem unterschätzen unsere antimikrobiellen Strategien derzeit völlig, wie opportunistisch sich Bakterien verhalten können. Bleibt etwa eine Mikrobe funktionsunfähig auf der Strecke, fällt flugs ein Artgenosse über sie her. Mit dieser Form der Leichenfledderei verschaffen sich Einzeller eine schnelle Mahlzeit. Es geht aber um mehr. Denn die Mikrobe vertilgt auch das Erbgut der toten Mikrobe und baut es in das eigene Erbgut ein. So wird die Mikrobe tatsächlich stärker.

In der Mikrobengemeinde können auf diese Weise wahre Frankensteins entstehen. Ein stinknormales Bakterium verwandelt sich dadurch innerhalb eines Augenblicks in einen multiresistenten Keim, der sich mit Antibiotika kaum mehr in Schach halten lässt.

Solche Mutanten sind der Grund, warum wir momentan im Kampf gegen die Bösewichter der Mikrobenwelt immer mehr an Boden verlieren. Antibiotika stören die lebenswichtige Herstellung von Zellwandmaterial, Proteinen oder anderen lebenswichtigen Molekülen für die Mikroben.

Die Mutanten besitzen jedoch ein bemerkenswertes Arsenal, um sich gegen diese Attacken zur Wehr zu setzen: extra starke Pumpen, mit denen sie das Antibiotikum flott aus ihrem Zellkörper schwemmen können, oder Enzyme, die das Antibiotikum wie einen Giftstoff abbauen, bevor er in den Körper der Mikrobe eindringt. Andere Mikroben kapseln sich ab oder bilden Biofilme, in welche die Arznei nicht eindringen kann.

Diese Mutanten überleben also den Angriff, vermehren sich

danach ungehemmt und bauen eine riesige, resistente Armee auf.

In einigen Mikrobenstämmen ist es erstaunlicherweise üblich, dass sich die Älteren für die Jüngeren aufopfern. Ein in ihrem Zellplan eingebautes Selbstmordprogramm killt das Bakterium, bevor es den anderen zur Last fällt. Für die Gemeinschaft im Biofilm ist das gleich doppelt praktisch: Es gibt einen Esser weniger, außerdem dient der tote Zellkörper den Hinterbliebenen als Nahrung und DNA-Ersatzteillager.

## Neue Methode der Keimbekämpfung?

Einen begehrten Nährstoff erhalten die Kannibalen jedoch nicht, wenn sie nur ihresgleichen verspeisen: Eisen. In den menschlichen Zellen befindet sich eine Menge davon; etwa im Hämoglobin, das die rote Farbe des Blutes erzeugt. Wir brauchen unser Eisen aber selbst, deshalb ist es im Körper eigentlich gut geschützt. Doch der bereits erwähnte üble Keim *Pseudomonas aeruginosa* ist in der Lage, den Mineralstoff aus unseren Zellen zu klauen – wenn er sich mit seinesgleichen zusammentut. Dazu bedient er sich des Quorum Sensing.

Derzeit sind wir diesem gemeinschaftlichen Jagdtreiben machtlos ausgeliefert. Doch wenn es gelänge, die Kommunikation der *Pseudomonas*-Bakterien untereinander zu hemmen, wäre das ein heftiger Schlag gegen die sogenannten Pathogene, die gefürchteten Krankheitserreger. Es gibt eine Reihe von Wissenschaftlern, die große Hoffnungen in eine mögliche neue, revolutionäre Methode der Keimbekämpfung setzen. Der Gedanke klingt simpel: Warum schlagen wir nicht Kapital aus der Erkenntnis, dass Bakterien untereinander kommunizieren? Wir könnten versuchen, die Kommunikationswege zu unterbinden, und damit verhindern, dass sie in niederträchtiger Absicht Massen ihrer Angehörigen anlocken und sich zu Biofilmen verbünden.

Dazu müsste es gelingen, die Signalmoleküle dieser Widersacher zu blockieren. Erst dann könnten wir sicherstellen, dass all die vielen gutgesinnten Mikroben geschützt werden, die unser Leben erleichtern.

Manche Forscher glauben sogar, die Bakterien würden gegen diese Vorgehensweise – die Aufhebung ihres Versammlungsrechts – keine Resistenz entwickeln. Man muss aber wissen: Bakterien führen auch untereinander Krieg. Und ein Mittel ihrer Kriegsführung besteht eben darin, sich gegenseitig den Funkverkehr zu kappen. Resistenzen wären also vermutlich auch bei diesem Versuch des Mikrobenkahlschlags zu erwarten.

# Inhalt

## Der Mensch: ein lebendes Gewächshaus

Wir leben jeden Tag mit vielen Tausenden Arten von Mikroben unter einem Dach. An dieser Tatsache können wir auch mithilfe der schärfsten Reinigungsmittel nichts ändern. Das ist allerdings auch gar nicht erforderlich. Seit vergleichsweise kurzer Zeit verwenden Mikrobiologen den Begriff Haushaltsmikrobiom – darunter verstehen sie die Gesamtheit aller Mikroben, die uns in unseren vier Wänden umgeben.

Es gibt reichlich Anhaltspunkte dafür, dass dieses Netz aus Bakterien und anderen Mikroben einen erheblichen Einfluss auf unser Wohlbefinden hat. Und vermutlich haben wir uns mit diesen Mikroorganismen schon in der Steinzeit die Höhle oder Hütte geteilt.

Und dann gibt es ein Mikrobiom, das nur uns allein gehört: das humane Mikrobiom. Es ist die Gesamtheit aller Bakterien, Archaeen, Pilze, Viren und Parasiten, die auf und in unserem Körper wächst, gedeiht und wohnt. Wir sprechen von circa zehn Billionen Lebewesen. Im Grunde sind wir Menschen, jeder für sich, ein einziges großes Gewächshaus.

Das Verhältnis humaner Körperzellen zu Bakterien in unserem Köper liegt sogar bei ungefähr 1:1. Mit jedem Toilettengang, allerdings nur den »großen«, verschiebt sich das Verhältnis kurz zugunsten der menschlichen Zellen, und Milliarden Mikroben wandern ins Klo. Es dauert allerdings nicht lange, dann haben die Einzeller dank ihrer rasanten Teilungsfähigkeit das alte Verhältnis wiederhergestellt.

Der menschliche Körper wird von bis zu 15 000 verschiedenen Arten von Mikroorganismen gekapert. Wir kennen davon nur die Spitze des Eisbergs, etwa 20 Prozent. Die anderen 80 Prozent firmieren in der Mikrobiologie unter dem Überbegriff »Microbial dark matter«. Damit bezeichnet man all die Mikroben, die noch nie ein Mensch zuvor gesehen hat, und die man bislang nur anhand ihrer DNA-Sequenzen erkennt.

Unser Mikrobiom wird durch viele Faktoren beeinflusst: unsere Gene, Ernährung, den Ort, an dem wir aufwachsen, auch unsere körperliche Fitness und der Partner, mit dem wir zusammenleben, spielen eine Rolle. Und natürlich unser Hygiene-Verhalten. Unter Medizinern und Mikrobiologen hat sich in den vergangenen Jahren immer mehr die Erkenntnis durchgesetzt, dass wir von dieser hochkomplexen Siedlergemeinschaft erheblich profitieren.

Sie schirmt uns ab vor den mikrobiellen Attacken der Außenwelt, hilft uns bei der Verdauung, stimuliert unser Immunsystem oder baut sogar Vitamine für uns zusammen. Allem Anschein nach besitzen unsere unsichtbaren Mitbewohner nahezu die Bedeutung eines separaten Organs – vielleicht am ehesten vergleichbar mit dem Blut. Doch wir fangen gerade erst an, dieses neue Organ zu verstehen.

Bei einem ausgewachsenen Menschen wiegt das Mikrobiom ungefähr 300 bis 600 Gramm – also in etwa so viel wie drei bis sechs Tafeln Schokolade.

Dieses wuselnde Wesen, von dem wir beinahe nie etwas mitbekommen, wird schon mit der Muttermilch gepäppelt. Viele der mehr als 200 verschiedenen Arten von Zucker, die in der Muttermilch enthalten sind, kann ein Säugling zum Beispiel selbst gar nicht verdauen. Sie sind vor allem Futter für eine wichtige Gruppe von Mikroben: die Bifidobakterien.

Sie gelten als die bedeutendsten Architekten der Darmflora des Heranwachsenden. *Bifidus* ist das lateinische Wort für »gespalten« – der Name des Bakteriums ist eine Anspielung auf seine Y-Form.

Natürlich soll die Muttermilch den Säugling in erster Linie ernähren. Es ist aber offensichtlich, dass der Trunk aus der Brust der Mutter das Kind auch vor Infektionen schützt und seine Darmflora aufbaut. Neben dem Anfüttern des Darmmikrobioms geschieht das über Antikörper und antimikrobielle Proteine, die in der Muttermilch schwimmen. Bifidobakterien machen bis zu 90 Prozent der Darmflora von gestillten Säuglingen aus.

Anfang der 1970er-Jahre grassierte eine große Angst vor Schadstoffen in der Muttermilch wie dem Insektengift DDT. Deshalb verzichteten viele Eltern – auch meine Mutter – auf das Stillen. Inzwischen ist die segensreiche Wirkung der Muttermilch für die Gesundheit des Kindes weitgehend anerkannt.

## Helfer des Immunsystems

Dass die Mikroben des Menschen auch positive Eigenschaften haben können, ist in der Wissenschaft eine noch relativ junge Erkenntnis, die sich erst in den 1960er-Jahren allmählich durchgesetzt hat. Bis dahin hielt man Mikroben im Körper eher für Schmarotzer, die an unserem Organismus zehren und sich von ihm ernähren.

Vom Mikrobiom wusste man damals allerdings noch nichts. Der etwas sperrige Begriff »Mini-Lebensgemeinschaft« tauchte wahrscheinlich erstmals 1988 auf – ausgerechnet in einer Arbeit über Pflanzenschutz. Von einem Helfer unseres Immunsystems war da aber längst noch nicht die Rede. Seitdem ist eine Menge passiert. Inzwischen wissen wir, dass Babys bei der Geburt durch die Vaginalflora und sogar die Stuhlflora der Mutter eine Grundausstattung bekommen, die weit wichtiger ist als jede spätere Mitgift oder das Ikea-Küchenset für die erste eigene Wohnung.

Schon im Alter von etwa drei Jahren ist das Mikrobiom eines

Menschen nahezu ausgewachsen. Ab diesem Zeitpunkt leben wir in unserem Körper bis zu unserem letzten Atemzug mit dieser hochkomplexen Gemeinschaft von Mikroorganismen zusammen. Doch was geschieht mit jenen Babys, denen bei der Geburt diese natürliche Impfung entgeht?

Gesichert ist, dass Kaiserschnittkinder als Neugeborene häufiger unter Allergien und anderen Erkrankungen leiden; sie sind auch anfälliger für Infektionen. Und selbst im späteren Leben besitzen diese Menschen offenbar ein erhöhtes Risiko, an Allergien, Asthma oder Diabetes Typ I zu erkranken.

Deshalb greifen Ärzte nach einer Geburt per Kaiserschnitt immer häufiger zu einer ungewöhnlichen Maßnahme: Sie schmieren die Säuglinge gleich nach dem ersten Schrei mit reichlich Vaginalsekret der Mutter ein. Ob dieses »Vaginal seeding« wirklich dazu taugt, die bakterielle Animpfung einer Normalgeburt zu simulieren, ist derzeit aber noch völlig unklar.

## Das Mikrobiom – ein separates Organ

Es ist jedoch absehbar, dass sich dieses Thema zu einem heißen Forschungsfeld entwickeln wird. Denn in Deutschland kommt mittlerweile fast jedes dritte Kind per Kaiserschnitt auf die Welt. Unter Mikrobiologen, und da mache ich keine Ausnahme, ist das Meinungsbild dazu ziemlich eindeutig: Wenn medizinische Gründe nicht wirklich einen Kaiserschnitt erfordern, ist die normale Geburt das Allerbeste.

Derzeit ist aber noch nicht ausgemacht, wie sich der Hype um das Mikrobiom entwickelt. Humane Mikrobiom-Forschung ist eines der großen Themen in der modernen Mikrobiologie, aber auch in der Biologie und Medizin.

Das Mikrobiom wird zu Recht wie ein separates Organ betrachtet, dessen Struktur und Aktivität zu Gesundheit und Erkrankungen des Menschen signifikant beiträgt, wenn auch die tatsächlichen Interaktionswege in vielen Fällen noch kaum nachvollzogen sind. Es gibt heutzutage kaum eine Krankheit, bei der sich das Mikrobiom nicht auch irgendwie verändert. Mikrobiomtests werden in Zukunft sicher Standard werden, wie Blutuntersuchungen heute schon.

Man muss der Mikrobiomforschung aber wohl noch etwas Zeit für die ganz großen Durchbrüche geben.

Untersuchungen an Mäusen haben den Nachweis erbracht, dass durch die Gabe von Antibiotika während der Schwangerschaft die mikrobielle Artenvielfalt des Mäuseembryos dezimiert wurde, wie nach dem Abwurf einer Strahlenbombe.

Es ist längst bekannt, dass Antibiotika durch unsere Darmflora pflügen, als würde ein Hurrikan durch ein Kornfeld ziehen. Ob »gutes« oder »böses« Bakterium, da macht das Medikament keinen Unterschied. Um sich von einem solchen Kahlschlag zu erholen, braucht unser Bakterienzoo mehrere Monate.

Sollen Schwangere deshalb auf die Einnahme von Antibiotika verzichten, um jede mögliche Schädigung des Säuglings und seines Mikrobioms zu vermeiden? Klares Nein! Natürlich müssen auch hier Risiken abgewogen werden. Bei einer schweren Infektion auf die Gabe von Antibiotika zu verzichten, wäre sicher noch fataler. Aber: Die Erkenntnisse der Mikrobiomforschung unterstreichen, dass Antibiotika sparsam und wohlüberlegt einzusetzen sind. (Mehr dazu in Kapitel 3)

## Verbrechensaufklärung durch das Mikrobiom?

Unstreitig ist, dass sich durch etliche Malaisen auch die Zusammensetzung und Aktivität des Mikrobioms verändern. Die wahren Zusammenhänge sind aber oft noch nicht geklärt. Wir haben es hier mit dem klassischen Henne-Ei-Problem zu tun und wissen schlicht nicht, was zuerst da war: die Erkrankung oder die Veränderung des Mikrobioms?

Aber angenommen, das Mikrobiom würde durch seine Zusammensetzung tatsächlich nur auf Krankheiten des Körpers reagieren – wäre das nicht bereits eine gute Nachricht für die medizinische Diagnostik? Sobald wir die Manöver unserer Bakterien besser verstehen, könnten wir daraus womöglich Rückschlüsse auf bestimmte Erkrankungen ziehen. Vielleicht würden wir unser Mikrobiom dann künftig lesen wie ein Blutbild.

Auch andere Anwendungsbereiche versprechen eine faszinierende Perspektive. So gibt es beispielsweise Forensiker, die davon träumen, mithilfe des Mikrobioms Verbrechen aufzuklären. Die Idee dahinter hat durchaus Charme: Das Mikrobiom ist sehr individuell, und Menschen prägen ihre Umgebung damit tatsächlich auf markante Weise. In einem Hotelzimmer wird der mikrobielle Fingerabdruck seines Bewohners beispielsweise bereits nach etwa drei Stunden sichtbar.

Aber wie schon gesagt: Ziemlich viele Faktoren beeinflussen unsere Bakterienbesiedlung, und die bleibt aus diesem Grund eben nicht immer die gleiche – anders als unser tatsächlicher Fingerabdruck. Meines Wissens ist dieses Verfahren deshalb bisher auch ohne praktische Relevanz geblieben. Aber eines muss ich als deutscher Forscher natürlich neidlos anerkennen: In den USA kann man mit so einem Projekt phantastische Fördergelder abgreifen.

Immerhin: Der Versuch, Verbrecher zu überführen, ist ja durchaus lobenswert. Gesundheitsfanatiker mit Kochbüchern über fragwürdige Mikrobiom-Diäten zu ködern wird diesem Anspruch vielleicht weniger gerecht. Es stimmt ja: Natürlich können wir unserer Darmflora etwas Gutes tun, und unsere

»westliche« Ernährungsweise mit zu vielen leeren Kohlenhydraten und zu viel rotem und behandeltem Fleisch trägt dazu mutmaßlich eher nicht bei.

Viel Pflanzliches, Ballaststoffe, Obst und Gemüse, dazu Fisch und Geflügel, so sieht eine gesunde Ernährung aus. Aber das Mikrobiom, dieses rätselhafte Wesen, muss derzeit häufig für ein neues Glücksversprechen herhalten. Nach dem Motto: Sind alle Mikroben in Reih und Glied, werden wir alle glücklich und froh. Von wegen!

## Zurück in die Steinzeit? Bloß nicht!

Vor ein paar Jahren entdeckten Forscher die Yanomami. Dieser Stamm von Amazonasindianern lebt wie seine Vorfahren von vor 11 000 Jahren völlig isoliert im Dschungel. Mit der Ruhe war es vorbei, als plötzlich ein Team von US-Mikrobiologen bei ihnen auftauchte. Aber die Wissenschaftler brachten tatsächlich eine Entdeckung mit nach Hause: Die Darmflora der Eingeborenen surrt offenbar wie eine gut geölte Maschine. Und das dank einer Mikrobenvielfalt, die die Welt vorher in einem menschlichen Darm noch nicht gesehen hat.

Essen wie die Yanomami, trinken wie die Yanomami, verdauen wie die Yanomami ... Der Phantasie sind fast keine Grenzen gesetzt, wenn es darum geht, den vermeintlich vorbildlichen Lebensstil der Indianer zu bewerben. Ich bin allerdings nicht der Meinung, dass wir uns alle komplett in die Steinzeit zurückwünschen sollten. Denn obwohl wir uns nicht immer optimal ernähren, liegt die Lebenserwartung in den westlichen Ländern auf einem Allzeithoch. Und ich gehe stark davon aus, dass wir in Sachen Kindersterblichkeit auch nicht mit den Yanomami würden gleichziehen wollen ...

Wissenschaftler kommen manchmal auf komische Ideen. Gott sei Dank, muss man sagen! Denn wenn das Denken nicht regelmäßig seine wohlgeordnete Bahn verlassen würde, gäbe es vermutlich keinen Fortschritt. Es war also ein verwegener Gedanke, dass ausgerechnet der Darm eine Art zweites Gehirn sein sollte. Denn jeder weiß: Dieses Organ ist zum Verdauen, Furzen und Kacken da. Wie wollte man also diese körpereigene Mülldeponie mit unserem höchst anspruchsvollen Denkapparat vergleichen?

Tatsache ist jedoch: Unser Darm enthält mehr Nervenzellen als das Rückgrat. Und immer mehr Forscher vermuten, dass der Verdauungsapparat und das Denkorgan eine Achse bilden und Informationen austauschen. Dabei kommen wieder unsere Mikroben ins Spiel. Die Funkverbindung zum Gehirn läuft beispielsweise über eine Stimulation von Nerven im Darm, angeregt durch Bakterien oder deren Stoffwechselprodukte. Eine weitere kuriose Entdeckung steht anscheinend in direktem Zusammenhang mit dieser Fähigkeit der Mikroben, das Hirn anzumorsen.

Offenbar ist das Darmmikrobiom von Menschen, die unter Autismus, Depressionen oder etwa Parkinson leiden, ähnlich aus der Form geraten wie ein Blumenbeet, in dem herumgetrampelt wurde.

Wäre es nicht denkbar, das Leiden der Betroffenen zu mildern, wenn man ihr Darmbeet wieder schön ordentlich harken würde? Womöglich senden dann die Darmbakterien die frohe Botschaft ans Gehirn: Hier unten ist alles ok! – Und das Leben könnte einigermaßen normal weitergehen.

## Gesunder Stuhl: ein Hoffnungsträger

Die Medizin kennt ein Verfahren, das einer scheinbar hoffnungslos aus dem Lot geratenen Darmflora wieder auf die Sprünge hilft. Das Mittel der Wahl ist eine Stuhltransplantation. Dabei wird dem Patienten der mit einer Kochsalzlösung verdünnte Stuhl eines geeigneten Spenders in den Dickdarm eingeführt. Zwei Methoden sind derzeit gebräuchlich, um den Darm wieder mit einer gesunden Flora anzuimpfen: Entweder rektal, mit einem Einlauf, oder über eine Nasensonde – das ist gefährlicher, weil Stuhl in die Lunge geraten könnte.

Viele Tiere wissen instinktiv, dass sie ihre Darmflora durch eine Stuhlverkostung wieder auf Vordermann bringen, und fressen deshalb hemmungslos herumliegenden Kot. Und schon im alten China bekamen Darmkranke auch verdünnten Stuhl zu trinken.

Ist diese Methode also ein Heilsbringer?

Es gibt Ansätze, die ein wenig Hoffnung versprechen: Hier eine Versuchsgruppe von Autisten, deren Symptome sich zumindest vorübergehend gebessert haben; dort einige depressive Probanden, deren Gemüt sich zeitweilig aufhellte. Der große Durchbruch steht indes noch aus. Die Frage nach Ursache und Wirkung – das alte Henne-und-Ei-Problem – ist auch hier offen.

Wie schon erwähnt, ist die Zusammensetzung des Mikrobioms abhängig von sehr vielen Faktoren. Autisten und Depressive essen anders als andere Menschen, sie pflegen weniger Kontakte und gehen signifikant weniger unter Leute. Ist das womöglich der Grund dafür, dass ihr Mikrobiom deutlich anders aussieht?

Wenn ja, dann kann die Transplantation von gesundem Stuhl nicht die Lösung sein.

Es gibt allerdings eine prominente Ausnahme. Bei Patienten

mit einer chronischen Darmentzündung durch *Clostridioides difficile* hat sich die Stuhltransplantation bislang als eine sehr erfolgreiche Therapie erwiesen.

Die *Clostridioides-difficile*-assoziierte Diarrhö ist eine schwere, blutige Darmentzündung, die vor allem im Krankenhaus auftritt. 20 bis 40 Prozent aller Krankenhauspatienten besitzen den Keim. Für gewöhnlich hält eine gesunde, vielfältige Darmflora ihn in Schach. Wird diese aber durch wiederholte Antibiotika-Gabe dezimiert, dreht *Clostridioides difficile* durch und bildet Toxine, die eine gefährliche Darmentzündung auslösen können, bei manchen Patienten kommt dann jede Hilfe zu spät.

Die Flora eines gesunden Spenders scheint jedoch tatsächlich in der Lage zu sein, diesen wild gewordenen Keim wieder einzufangen und regelrecht zu resozialisieren. Ergebnisse, die Mut machen und zeigen, dass die Mikrobiom-Forschung doch von sehr praktischer Konsequenz sein kann.

# Sex and Keim – eine Geschichte von großer Nähe

Bereits mit einem einzigen Kuss können rund 80 Millionen Bakterien von Partner zu Partner übertragen werden. Das haben Wissenschaftler aus den Niederlanden herausgefunden. Leider ist nicht überliefert, ob und wie sich diese Studie auf das Kussverhalten all jener ausgewirkt hat, die davon Notiz genommen haben.

Denn dieser Mikroben-Transfer bei unerwarteter Gelegenheit klingt erst mal ziemlich eklig. Aus Sicht des Mikrobiologen könnte dieser bislang wenig beleuchtete Austausch zweier Partner eine ungeahnt positive Wirkung haben.

Ich habe beobachtet, dass sich meine Zahngesundheit durchaus gebessert hat, seitdem ich meine Frau kenne. Die Erklärung dafür könnte sein, dass meine vielleicht aggressivere Mundflora durch ihre weniger aggressive gemildert wurde.

Es gibt schon jetzt weitere deutliche Hinweise darauf, dass unser Mikrobiom – also die Gesamtheit aller auf und in uns hausenden Mikroben – einen deutlichen Einfluss auf unser Wohlbefinden und auch unser Geschlechtsleben hat. Dabei fangen Mediziner und Mikrobiologen gerade erst an, die intime Beziehung zwischen Mensch und Mikrobe besser zu verstehen.

Offenbar entwickeln zusammenlebende Paare eine in Teilen identische Besiedlung ihrer Haut mit Mikroben. Sogar in einem solchen Maß, dass kanadische Wissenschaftler im Zuge einer Studie mit einer Wahrscheinlichkeit von 86 Prozent vorhersagen konnten, welche Teilnehmer in einer Beziehung leben.

Die größte Übereinstimmung von Bakterienkulturen ergibt sich bei Paaren demnach ausgerechnet an den Füßen. Ob das allgemein als unerotisch verpönte Tragen von Wollsocken im Bett Einfluss darauf hat, bleibt derweil noch unerforscht.

## Das Mysterium des weiblichen Oberschenkels

Bemerkenswert sind aber auch die Unterschiede zwischen den Geschlechtern. Die Bakterienvielfalt auf der Haut von Frauen etwa ist bedeutend größer als auf der von Männern. Vermutlich ist dafür unter anderem der leicht höhere pH-Wert der Haut von Frauen verantwortlich. Unser größtes Organ ist in gesundem Zustand leicht sauer, bedingt durch körpereigene Substanzen wie Talg und Schweiß. Ein weniger saures Umfeld wird von den Mikroben offenbar als weit freundlicherer Lebensraum empfunden.

Ein Mysterium der Mikrobiologie lässt sich allerdings auch damit nicht aufklären. So haben die kanadischen Biologen auch herausgefunden, dass insbesondere die mikrobielle Besiedlung des weiblichen Oberschenkels deutlich geschlechtsspezifische Züge hat. Und das in einem solchen Ausmaß, dass sich anhand von bakteriellen Proben dieses Körperteils bei Tests das Geschlecht der Probanden mit einer Sicherheit von 100 Prozent bestimmen ließ.

In der Topliste der am dichtesten besiedelten menschlichen Habitate nehmen Darm und Mund die Spitzenplätze ein. Auf

Platz drei liegt die Vagina, noch vor der Haut. Als offenes Organ ist die Scheide geradezu ein Einfallstor für Mikroben. Im Normalfall wird während der Pubertät eine Schutzarmee aus Milchsäure-Bakterien aufgebaut, die unerwünschte Eindringlinge vertreibt.

Um feindliche Bakterien zu töten, produzieren diese Wächter-Bakterien beispielsweise Wasserstoffperoxid – den meisten besser bekannt als Mittel zum Haarebleichen. Wenn die Wächter jedoch schlappmachen, droht eine besonders üble Brut. In diesem Fall heißen die Bösen Anaerobier.

Das sind Bakterien, die keinen Sauerstoff brauchen und im weiblichen Geschlechtsorgan potentiell viel Schaden anrichten. Das Kommando in der Scheide übernimmt dann meist *Gardnerella vaginalis*. Der liebliche Klang dieses Namens steht in keinem Verhältnis zur Destruktivität des Keims: Ausfluss, ein gestörter Zyklus, Entzündungen und sogar Unfruchtbarkeit können die Folge sein, wenn Anaerobier in der Vagina wüten.

Wissenschaftler haben auch herausgefunden, dass bei Frauen mit einer gestörten Vaginalflora eine HIV-Prophylaxe deutlich geringere Wirkung zeigt.

Wie gerät eine Scheidenflora überhaupt in Unordnung? Der Einsatz von Antibiotika kann eine Störung verursachen. Diese medikamentöse Schockbehandlung killt neben den Bösen auch die Guten, in diesem Fall die als Wächter fungierenden Milchsäure-Bakterien.

Jüngst haben Wissenschaftler jedoch noch einen weiteren Hauptschuldigen ausgemacht: ungeschützten Sex mit einem Mann. Gemeint ist jedoch nicht der ungeschützte Verkehr mit einem festen Partner. Ins Visier der Forscher geriet der One-Night-Stand. Eine Autorin der Studie bezeichnete diese Form des Geschlechtsverkehrs sogar als einen »Anschlag auf die Vagina«. Es kommt zum Kampf der Kulturen.

Die Äußerungen haben einen fundierten Hintergrund: Der Penis ist zwar nicht so reich mit Bakterien besiedelt wie die Vagina, doch auch das Geschlechtsteil des Mannes besitzt ein Mikrobiom, mithin also eine eigene Mikrobenkultur, die beim Sex in die Vagina der Frau vordringt.

## Der Penis – ein unverstandener Körperteil

Als Wissenschaftler und insbesondere Mikrobiologe erliegt man schnell der Gefahr, Erotik und Sinnenfreuden bei der Begegnung zweier Liebender aus den Augen zu verlieren. Man könnte auf die Idee kommen, Sex und der damit verbundene Austausch von Körperflüssigkeiten diene nur dem gigantischen Austausch von Mikroben, der damit einhergeht. In jedem Milliliter Ejakulat tummeln sich rund 10 Millionen Bakterien. In einem Milliliter Scheidensekret sind sogar circa 100 Millionen Bakterien messbar.

Aus der Sicht des Forschers ist schwer auszumachen, was faszinierender ist: die vehemente Abwehr der weiblichen Vaginalflora gegen den einmaligen Sexpartner oder die verblüffende mikrobielle Übereinkunft bei vertrauten Partnern.

Der Penis ist aus mikrobiologischer Sicht ein noch nicht hinreichend verstandener Körperteil. Doch eine Erkenntnis zeichnet sich immerhin ab: Unbeschnittene Männer beherbergen unter ihrer Vorhaut ein weit größeres Bakterienvorkommen als Geschlechtsgenossen, die sich einer sogenannten Zirkumzision unterzogen haben.

Unter der Vorhaut versammeln sich nämlich etliche finstere Gesellen der Mikrobenwelt, die mit der Beschneidung automatisch verschwinden.

Untersuchungen weisen darauf hin, dass bestimmte Bakterien regelrecht das Empfangskomitee für das HI-Virus spielen. Bei beschnittenen Männern sinkt das Risiko, an der Immunschwäche zu erkranken, um 50 bis 60 Prozent. Das behaupten zumindest mehrere Studien. In der Welt der Mikrobiologie ist das eine ziemlich umwerfende Nachricht. Denn normalerweise gilt: Jeder Eingriff in das Mikrobiom zieht unweigerlich unerfreuliche Folgen nach sich. Hier wäre es jedoch genau umgekehrt.

Generell kann eine gestörte Intimflora sowohl bei Männern als auch bei Frauen zu Entzündungsprozessen führen. Als natürliche Reaktion eilen in diesem Fall verstärkt Immunzellen heran, um die Entzündung unter Kontrolle zu bekommen. Einige Immunzellen verhalten sich jedoch merkwürdig. Offenbar signalisieren sie feindlichen HI-Viren regelrecht, von ihnen überfallen werden zu wollen. In der Fachsprache der Mikrobiologen sind das Immunzellen mit einem sogenannten CD4-Rezeptor.

Bei einer Entzündung im Intimbereich kann unter Umständen also eine fatale Kausalkette in Gang gesetzt werden: Je entzündeter die Intimflora ist, desto mehr Immunzellen rücken an. Je mehr Immunzellen sich am Krisenherd befinden, desto mehr dubiose Zellen mit CD4-Rezeptor sind mit dabei. Je mehr Immunzellen mit CD4-Rezeptor anwesend sind, desto leichter hat es das HI-Virus.

## Mikrobensex – auf die harte Tour

All dies wirft die Frage nach dem Sexualverhalten der Mikroorganismen selber auf. In der Mikrobiologie gelten sie als asexuelle Geschöpfe, die ihre Art auch ohne Geschlechtsverkehr erhalten können: Bei guter Ernährungslage teilt sich eine Zelle nach etwa 20 Minuten in zwei Kopien mit identischem Erbgut – einfach so, ohne Geburtsschmerz oder auch nur einen Tropfen Schweiß.

Durch Art und Tempo ihrer Vermehrung sind Mikroben besser als jede andere Spezies in der Lage, einen Ort in rasantem Tempo zu besiedeln. Allerdings hat diese Highspeed-Fortpflanzung auch einen gewaltigen Haken: Sie ist ziemlich inzestuös und nur auf schnelles Wachstum ausgelegt. Dabei entsteht eine eintönige Kolonie unzähliger Ebenbilder, sogenannter Klone. Eine solche Gemeinschaft steht vor einem evolutionären Dilemma. Denn der Erfolg einer Art hängt wesentlich von ihrer genetischen Vielfalt ab.

Genau aus diesem Grund lässt sich eine Mikrobe auch nicht zweimal bitten, wenn ein toter Artgenosse am Wegesrand liegt. Sie wird mit Sicherheit dessen sterbliche Überreste vertilgen, denn immerhin besteht dadurch die Möglichkeit, das eigene Erbgut zu bereichern. Dieser Vorgang ist in der Molekularbiologie als Transformation bekannt.

Aber es gibt für Mikroorganismen auch noch eine direktere Form, ihr Erbgut weiterzugeben, die am ehesten an Sex erinnert. Der in den Fachbüchern gebräuchliche Begriff »Konjugation« lässt allerdings erahnen, dass es sich hierbei eher nicht um eine charmante Angelegenheit handelt.

Hauptwerkzeug des zellulären Beischlafs ist der Pilus. Das lateinische »Pilus« bedeutet Haar und spielt darauf an, dass das so bezeichnete Anhängsel es in der Regel auf das Mehrfache der Körperlänge seines Besitzers bringt. »Pilum« – übersetzt Speer oder Wurfgeschoss – würde auch passen, da es bei diesem Akt recht rüde zur Sache geht. Wie mit einem Enterhaken wird der Sexpartner eingeholt und mit dem lanzenartigen Phallus gestochen.

Über Rezeptoren in der Pilusspitze ortet das dominante Bak-

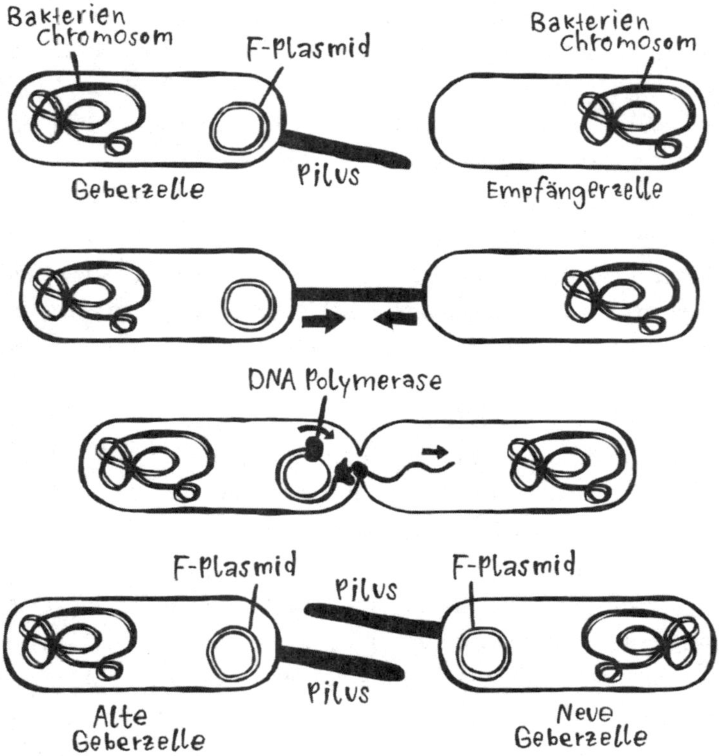


*Mikroben wie Bakterien können auch Sex haben, das heißt, genetisches Material miteinander austauschen. Ein Beispiel ist die Konjugation. Ein Bakterium fängt ein anderes mit seinem Sex-Pilus ein, beide nähern sich an, bilden eine Plasmabrücke und tauschen dann DNA miteinander aus. So übertragen sich zum Beispiel Antibiotika-Resistenzen von einem Keim zum anderen. Plasmide sind kleine DNA-Ringe, die die Information für solche Resistenzen tragen. Sie werden durch Enzyme verdoppelt und dann in die Empfängerzelle übertragen, die dadurch zu einer neuen Geberzelle wird.*

# Das humane Mikrobiom – Freunde fürs Leben

Gleich nach der Geburt meiner Tochter Johanna vor 13 Jahren kratzte ich hastig ihren ersten Stuhl zusammen, füllte ihn in eine für diesen Zweck bestimmte Box und brach mit der kostbaren Fracht zum Labor eines Kollegen nach Holland auf.

Das sogenannte Kindspech, im Fachjargon »Mekonium«, ist aus mikrobiologischer Sicht ein sehr aussagekräftiger Stoff. Er gibt uns darüber Auskunft, was das heranwachsende Kind im Mutterleib zu sich genommen hat: etwa Haare und Zellen. Anders, als man vermuten könnte, ist die Suppe nicht steril, in der die Föten schwimmen. Das bedeutet: Unsere Kinder kommen lange, bevor sie das Licht der Welt erblicken, über das Fruchtwasser bereits mit verschiedenen Mikroorganismen in Berührung.

Vermutlich werden die Kleinen auf diese Weise schonend auf das vorbereitet, was unweigerlich folgt: ein Leben in einer Welt voller Keime. Das Mikrobenbad im Mutterleib stellt wahrscheinlich eine Taufe der besonderen Art dar, nämlich eine erste natürliche Impfung, die das Immunsystem des Kindes stärkt – sowie später etliche weitere, etwa gegen Masern und Windpocken.

terium seinen Sexpartner. Das eigentliche Ziel ist die Weitergabe der Kopie eines winzigen DNA-Rings, den der Einzeller in sich trägt. Auf diesem sogenannten Fruchtbarkeitsplasmid sind Teile seines Erbguts gespeichert, die er der Empfängerzelle nun regelrecht aufdrängt.

Woher die Aggressor-Mikrobe weiß, dass sie ein zur Begattung geeignetes Bakterium gefunden hat, gehört noch zu den Rätseln der Mikrobiologie. Bekannt ist derweil, dass aus den Opfern der Zwangsbegattung anschließend selbst Jäger werden, die andere Bakterien mit ihrem Genmaterial infizieren wollen. Immer wieder verwandeln sich zuvor harmlose Bakterien durch solche sexuellen Überfälle in wahre Furien, die auch für Menschen gefährlich werden können. Mit dem neuen Erbgut kann etwa eine Resistenz gegen Antibiotika weitergegeben werden, die den Empfänger zu einer großen Gefahr in Krankenhäusern werden lässt.

Wir alle haben bereits erlebt, dass solche Veränderungen tatsächlich passieren. Aus der Kombination von altem und neuem Genmaterial können sehr plötzlich bösartige Erreger entstehen. Ein besonders bedrohliches Beispiel dafür war die Infektionswelle mit enterohämorrhagischen *Escherichia coli* (EHEC)-Bakterien, die von Mai bis Juli 2011 vor allem den Norden Deutschlands überrollte. Damals erkrankten knapp 3000 Menschen an blutigem Durchfall, 53 Betroffene starben sogar. Als Quelle für den Erreger wurden schließlich ägyptische Bockshornkleesprossen identifiziert. Ein seitdem stigmatisiertes Gemüse.

Verantwortlich für diese Katastrophe war vermutlich letztlich ein Virus. Es übertrug, vielleicht irgendwo in Ägypten, die genetische Information für ein potentes Gift von einem bekannten EHEC-Stamm auf einen anderen E. *coli*-Stamm, der sich besonders gut im Darm des Menschen festkleben kann. So entstand ein Monsterkeim, der überaus giftig und aggressiv war. Erschreckend ist, dass ein zerstörerischer Hybrid-Klon jederzeit entstehen kann. In den Sekunden, während Sie diese Zeilen lesen, kann irgendwo auf der Welt durch Bakterien-Sex die nächste Bestie in Keimgestalt geboren werden.

Auch hier spielt übrigens der im vorherigen Kapitel vorgestellte Biofilm eine bedeutende Rolle. In der dampfigen Enge einer Mikroben-Behausung finden Einzeller weit häufiger und schneller ein passendes Pendant, dem sie ihre Gene erfolgreich weitergeben können.

## Most Wanted – die meistgesuchten Schurken aus dem Reich der Mikroben (die Ihnen auch zu Hause begegnen können)

Es gibt schätzungsweise eine Billion Arten von Mikroben auf der Erde. Damit ist die Vielfalt der Einzeller deutlich größer als die der Menschen, von denen es nur eine Art gibt. Die allermeisten Mikroben sind für uns sicher harmlos, etliche davon sogar förderlich und hilfreich. Doch ein paar Schurken besitzen durchaus das Potenzial, uns das Leben zu versauern.

Meine Erfahrung aus vielen geselligen Runden: Die meisten Menschen lieben Geschichten von Gruselkeimen.

Hier ist sie also, die Top Ten der widerlichsten Keime, die Bad Boys aus dem Bakterienreich, die Most-Wanted-Liste der Haushaltsmikroben.

# Salmonella

## Der Feind im Hackfleisch – Salmonellen

Wenn man als Wissenschaftler die Wahl hat, ob eine Pflanze nach einem benannt wird, ein Stern, eine bisher unbekannte Dinosaurier-Art – oder ein Bakterium, das ziemlich fiesen Durchfall erzeugt – für was sollte man sich entscheiden?

Es ist unwahrscheinlich, dass der amerikanische Tierarzt Daniel Elmer Salmon überhaupt die Wahl hatte, aber weil er die Salmonellen entscheidend mitentdeckt hat, wurden sie folgerichtig auch nach ihm benannt.

Salmonellen waren mal eine wirklich schlimme Plage in Zeiten, als die Kühlung von verderblichen Lebensmitteln noch nicht richtig funktionierte. Auch die Hygienestandards in Küchen und Fleischverarbeitungsbetrieben waren laxer als in der Gegenwart. Noch 1992 wurden in Deutschland 192 000 Infektionen mit Salmonellen gemeldet. Im Jahr 2014 waren es nur noch 16 000 – weniger als ein Zehntel!

Kartoffelsalat und Eierspeisen – insbesondere, wenn sie lange in der Sommersonne sich selbst überlassen bleiben – sind ideale Nährböden für diesen Erreger. Eine noch größere Verbreitungsgefahr waren in der Vergangenheit Hühnchen. Insofern ist anzunehmen, dass die seit 2006 in Europa vorgeschriebene Impfung von Legehennen bedeutend zum Rückgang der durch Salmonellen verursachten Erkrankungen beigetragen hat.

Anders als beispielsweise der Norovirus brauchen Salmonellen eine gehörige Mannschaftsstärke, damit sie Schaden anrichten können; einige Zehntausend bis Millionen Erreger sind dafür nötig. Dann aber kann es sehr schnell sehr unangenehm werden. Mitunter dauert es nur ein paar Stunden, bis starkes Erbrechen und Durchfall einsetzen. Gesunde Frauen und Männer hebt es in der Regel nur für wenige Tage aus der Spur. Für Menschen mit einem angeschlagenen Immunsystem, Kinder und Ältere kann es indes schon ernster werden.

Dabei lässt sich das Risiko einer Erkrankung bereits durch die Beachtung einiger Grundregeln deutlich minimieren: Verderbliche Lebensmittel gehören in den Kühlschrank, idealerweise gekühlt bei einer Temperatur von circa vier Grad Celsius. Haben Hackfleisch oder Tiramisu einen Nachmittag in der Sonne verbracht, gehören sie in den Müll (Biomüll, natürlich!).

Die Hochsaison der Salmonellen ist der Sommer. Wer mit dem gleichen Besteck den Salat anrichtet, mit dem er das rohe Huhn auf dem Grill gewendet hat, spielt mit dem Feuer. Es würde nicht schaden, die Gabel oder Grillzange zwischen den Wendegängen mit heißem Wasser und Spülseife abzuwaschen.

Besonders hinterhältig von den Erregern und meistens unterschätzt: Salmonellen hausen nicht nur in rohen Eiern, sondern auch auf den Schalen! Was viele auch nicht wissen: Neben Vögeln sind auch Reptilien wie Leguane, Schildkröten oder Schlangen hochgradig durchseucht mit Salmonellen. Diese werden bei uns zwar selten gegessen, aber dafür gerne als exotische Haustiere gehalten.

# Norovirus

## Einer für alle – der Norovirus

Der Norovirus ist ein echter Familienvirus: Wenn einer in der Familie ihn sich eingefangen hat, kriegen ihn alle. Auf diese Daumenregel kann man sich ziemlich sicher verlassen.

Wenn die Kinder im Kindergarten schon schwallartig erbrochen haben, würde eigentlich nur noch eine radikale Maßnahme ein bisschen Hoffnung für den Rest der Sippe verheißen: das Kind unter Quarantäne in den Keller zu sperren. Als Vater von drei Kindern weiß ich, wovon ich spreche ...

Wäre der Norovirus ein echter Killer, könnte er vermutlich binnen weniger Monate die ganze Menschheit ausrotten, so perfekt ist er gebaut. Er kann relativ große Hitze und Kälte überstehen, sich mitunter wochenlang auf Türklinken, Griffen, Spielzeug und anderen Oberflächen halten und braucht lediglich zehn bis hundert Viruspartikel für eine Infektion – eine geradezu lächerlich geringe Menge, die man sich schon einfängt, wenn man einen am Norovirus Erkrankten auf zwanzig Meter Entfernung nur anguckt, mit einem Auge.

Aber es ist ja alles auch nur halb so schlimm. Gut, wenn Sie kleine Kinder haben, kann sich für ein paar Tage eine ungute Familiendynamik ergeben: Erst müssen Sie sich intensiv um Ihre Kinder kümmern, bei denen es vorne und hinten rausläuft. Und wenn die Kleinen dann wieder gesund sind und Ihre ungeteilte Aufmerksamkeit fordern, liegen Sie womöglich für zwei Tage flach – das kann anstrengend sein. Tipp: Holen Sie sich Hilfe ins Haus, aber verraten Sie auf keinen Fall, was Ihnen fehlt.

Am Norovirus hat mich immer schon fasziniert, dass nur ein Betroffener ausreicht, um maximalen Schaden anzurichten. Ein einziger erkrankter Koch etwa kann die Weihnachtsfeier Ihrer Firma zu einem durchschlagenden Misserfolg werden lassen.

2012 haben mit Noroviren verunreinigte Tiefkühlerdbeeren aus China in einem Grießbrei-Kompott an ostdeutschen Schulen eine legendäre Masseninfektion verursacht. Etwa 11 000 Kinder und Jugendliche hatten danach mit heftigem Brechdurchfall zu kämpfen.

Wer eigentlich gut bei Kräften ist, dem kann der Norovirus unangenehm werden – aber selten gefährlich. Und es gibt noch eine weitere gute Nachricht: Aus einem Grund, den weder Mediziner noch Bakteriologen bislang kennen, schlägt der Norovirus in der Regel im Winter zu. Es braucht also nur ein bisschen Glück und gutes Timing, und man kann Weihnachten im Bett verbringen. Ohne die Familie!

## Horror auf dem Hähnchen – *Campylobacter*

Würde es so etwas Absurdes geben wie einen Preis für den trendigsten bakteriellen Infekt: *Campylobacter* hätte gute Chancen, ihn zu erlangen. Zwar sind Salmonellen trotz abnehmender Fallzahlen weiterhin in aller Munde, aber das liegt vermutlich auch daran, dass der Name dieses Unholds, der sich mit »krummer Stab« übersetzen lässt, schwer von der Zunge geht.

Das Bundesinstitut für Risikobewertung (BfR) zählt in Deutschland bis zu 75 000 ärztlich diagnostizierte Fälle im Jahr. Offenbar sind die Zahlen in den vergangenen Jahren steil nach oben gegangen. Betroffen sind vor allem junge Menschen im Alter zwischen 18 und 25 Jahren. Die Experten haben dafür eine einleuchtende Erklärung: Die jungen Leute seien nicht mehr mit den elementarsten Grundregeln der Haushaltshygiene vertraut.

Der *Campylobacter* ist beispielsweise im Hühnerfleisch verbreitet. Viele Menschen wissen gar nicht, wie gefährlich der Erreger ist. Anfangs löst er Magen-Darm-Infekte aus. Unser Körper bildet dann Antikörper gegen diesen Erreger, und diese wiederum können sich mitunter sogar gegen unsere Nervenzellen richten. Im schlimmsten Fall führt das zu einer Nervenerkrankung, dem sogenannten Guillan-Barré-Syndrom, bei dem es zu ausgeprägten Lähmungen kommen kann.

Hühnchenfans, die darum wissen, behandeln das rohe Fleisch in der Küche deshalb wie eine schwer kontaminierte Substanz. Alles, was mit dem toten Tier in Berührung kommt, muss entweder gründlich abgewaschen oder in den Müll geworfen werden. Ein absolutes No-Go: Erst den rohen Hähnchenschenkel auf dem Grill mit der Hand wenden und dann einen frisch eingetroffenen Freund per Handschlag begrüßen.

Es ist derzeit ziemlich populär, die Milch im Rohzustand, noch warm aus dem Euter, vom Bauern zu holen. Warum auch der Milchindustrie in die Hände spielen, wenn man das begehrte Getränk direkt von der Quelle bekommen kann? Wer thermische Konservierungsprozeduren umgehen will, muss allerdings auch diese Tatsache über Freund *Campylobacter* kennen: Der schwimmt sogar in Milch. Schwangere und Immunschwache sollten daher tunlichst auf Rohmilch verzichten.

# Rotavirus

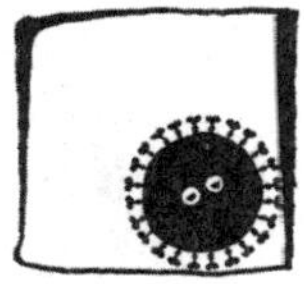

## Der Vermeidbare – der Rotavirus

Eltern fragen sich bei kranken Kindern häufig: Wann ist es angemessen, ins Krankenhaus zu fahren? Der Rotavirus ruft ähnliche Symptome hervor wie der Norovirus, allerdings befällt er vorwiegend Kleinkinder und auch Säuglinge. Den Kleinen macht der Flüssigkeitsmangel durch dauerndes Erbrechen und Durchfall besonders zu schaffen. Etwa fünfzig Prozent der betroffenen Kinder unter drei Jahren müssen deshalb im Krankenhaus behandelt werden.

Allerdings ist diese Tortur durch die neue Schluckimpfung für Säuglinge ziemlich leicht zu vermeiden. Anders als der Norovirus lassen sich Stämme des Rotavirus im Labor künstlich züchten, was der Entwicklung eines Impfstoffs dienlich war.

Auch der Rotavirus braucht für eine Ansteckung nur eine Handvoll Viruspartikel; allerdings gibt es einen durchaus ins Gewicht fallenden Unterschied, was die Ansteckungsgefahr der restlichen Familienmitglieder betrifft: Der Rotavirus erspart seinen kleinen Opfern schwallartiges Erbrechen, wodurch eine wesentliche Gefahrenquelle entfällt.

Für Übeltäter wie den Rotavirus haben Mediziner den Begriff Schmierinfektion erfunden – ein Wort, dessen Klang alleine schon manchem einen Ekelherpes beschert. In der Praxis bedeutet das, dass eine Ansteckung etwa beim Wechseln der Windeln sehr leicht möglich ist. Auch hier minimiert die älteste Hygienemaßnahme das Risiko erheblich: Händewaschen.

# Escherichia

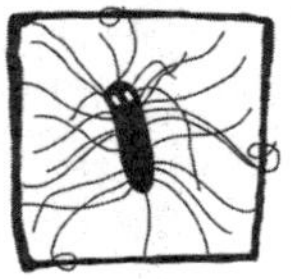

## Der Janusköpfige – *Escherichia coli*

Kein Mensch ist nur gut oder schlecht; und wenn diese Wahrheit auch für einen Vertreter aus der Keimwelt gilt, dann für Escherichia coli. Es ist das bekannteste Bakterium der Welt – und ein berüchtigtes. Die meisten E. *coli*-Stämme sind völlig harmlos, vor allem, wenn sie da bleiben, wo sie hingehören: im Darm. Wir alle haben sie in uns. In jedem Gramm Stuhl befinden sich etwa eine Milliarde E. *coli*-Zellen.

Geraten bestimmte Varianten dieses Bakteriums jedoch an den falschen Ort, kann es schnell brandgefährlich werden. In den Harnwegen können sie zu einer Blaseninfektion führen. Aufgrund einer größeren anatomischen Nähe von Darm- und Harnausgang sind Frauen hierfür anfälliger als Männer.

2011 starben 53 Menschen, weil Sprossen aus Bockshornkleesamen mit einer besonders tückischen Hybrid-Variante des Keims kontaminiert waren. Seitdem ist die Abkürzung EHEC (enterohämorrhagischer E. *coli*) in aller Munde. Weniger bekannt ist die Abkürzung HUS – die steht für hämolytisch-urämisches Syndrom. Eine lebensgefährliche Erkrankung und unmittelbare Folge des EHEC-Erregers, die zu blutigem Durchfall mit Nierenschäden und sogar Mini-Schlaganfällen als möglicher Spätfolge führen kann.

Neben EHEC kennen wir eine ganze Armada von E. *coli*-Varianten, deren Namen immer klingen, als handelte es sich um Partnerorganisationen der UNO: UPEC, ETEC, NMEC, EPEC …

Dutzende von Toten in Deutschland, die aufgrund eines Bakteriums auf einem Lebensmittel sterben, sind ein Skandal. Weit weniger bekannt ist allerdings, dass jedes Jahr in den Entwicklungsländern Millionen Menschen an E. *coli*-Bakterien sterben. Besonders häufig betroffen sind Kinder, die etwa aufgrund von fäkal verunreinigtem Trinkwasser an fatalem Durchfall erkranken.

Auch in deutschen Krankenhäusern treibt der Keim sein Unwesen: Er verursacht Hirnhautentzündungen bei Säuglingen, Blasenentzündungen, chronische Darmerkrankungen und besonders gefürchtet: Blutvergiftungen, die sogenannte Sepsis.

Es gibt aber auch Gegenbeispiele: So verhindert *Escherichia coli Nissle* Entzündungen im Darm und bekämpft auch Eindringlinge. Deshalb hat er eine erfolgreiche Zweitkarriere als Nahrungsergänzungsmittel und Probiotikum gemacht.

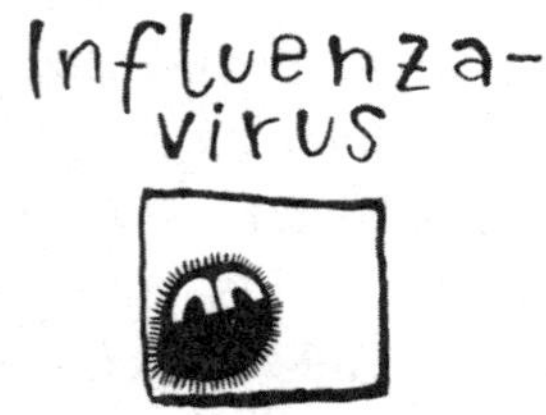


## Das Chamäleon – der Influenzavirus

Im Boxsport gibt es den Begriff Wirkungstreffer. Das bedeutet: Es hat wirklich was auf die Zwölf gegeben, sodass es wehtut. Gemessen an dieser Definition war die Grippesaison 2017/2018 ein echter Wirkungstreffer. Mehr als 330 000 Erkrankte, rund 1700 Tote. Eine furchterregende Bilanz. Für Wochen herrschte in Teilen des Landes der Ausnahmezustand. Busse und Bahnen fielen aus, weil viele Fahrer zu Hause krank im Bett lagen; Ämter mussten vorübergehend schließen. In vielen Krankenhäusern war das Personal dermaßen dezimiert, dass Operationssäle geschlossen und Operationen abgesagt werden mussten.

Theoretisch müsste das alles nicht so schlimm sein. Denn gegen Grippe kann man sich impfen lassen. Dummerweise mutieren die Erreger ständig. Der aktuelle Impfstoff für die jeweilige Grippesaison kann mit dieser Entwicklung jedoch nicht immer Schritt halten. Deshalb kann es zu Katastrophenszenarien kommen wie während der letzten Grippewelle.

Komplikationen als Folge der Grippe finden meistens gar nicht Eingang in die Bilanz. Etwa Lungenentzündungen mit Todesfolge, die durch Superinfektionen mit Bakterien verursacht wurden.

Noch immer werden die Begriffe Grippe und grippaler Infekt von vielen Betroffenen verwechselt. Ein grippaler Infekt basiert zwar ebenso wie die Grippe auf einer Virusinfektion, verläuft aber in aller Regel harmlos; nach drei, vier Tagen ist alles wieder im Lot.

Die Grippe ist hingegen ein echter Wirkungstreffer. Sie verträgt sich ganz schlecht mit unserem preußischen Arbeitsethos, das uns dazu verleitet, auch noch mit Kopf unter dem Arm zur Arbeit zu marschieren. Vielleicht kennen Sie das wunderbare Zitat aus dem Film *Die üblichen Verdächtigen* aus dem Jahr 1995: »Einer der größten Tricks, die der Teufel je gebraucht hat, war, die Menschen glauben zu lassen, es gäbe ihn gar nicht.« Passt wie die Faust aufs Auge beim Thema Grippe. »Ist doch nur ein Schnupfen«, sagen viele und schleppen sich ins Büro oder in die Werkstatt, obwohl sie aus dem letzten Loch pfeifen.

Auf diese Weise erreicht das tückische Influenzavirus noch viele weitere Opfer, die mit Schonung womöglich glimpflich davongekommen wären.

# Staphylococcus

## Der Zombiekeim – *Staphylococcus aureus*

Unter dem Mikroskop erinnert *Staphylococcus aureus* an goldgelbe Weintrauben, doch darin erschöpft sich bereits das Gute, das man über diesen Keim sagen kann.

Etwa jeder Dritte trägt ihn auf sich. Besonders gern nistet *Staphylococcus aureus* in den Nasenschleimhäuten. Wenn er dort bliebe, wäre alles gut.

Gerät das Bakterium jedoch beispielsweise über offene Wunden in unser Blut, kann es sehr unangenehm werden. Eine Blutvergiftung ist bei diesem Erreger immer möglich. Zudem steht *Staphylococcus aureus* in dem Ruf, nekrotisierende Fasziitis auszulösen. Ein Leiden, das genauso schrecklich ist, wie es klingt. Die Betroffenen verfaulen regelrecht am lebendigen Leib. Antibiotika helfen gegen die oft auch noch multiresistenten *Staphylococcus*-Erreger nicht. Meist können die Erkrankten nur durch Amputationen und vollständige Entfernung des infizierten Fleisches gerettet werden.

Es gibt noch eine Palette anderer Malaisen, für die dieser Keim verantwortlich ist: *Staphylococcus aureus* ist in der Lage, das Hämoglobin in unseren roten Blutkörperchen aufzureißen und das Eisen daraus zu entwenden. Er verursacht Hautabszesse und Hirnhautentzündungen, Lungenentzündungen und Harnwegsinfekte.

Aber jetzt kommt doch noch die überraschende Wende: *Staphylococcus aureus* hat einen Verwandten, der nichts lieber tut, als seinem asozialen Verwandten in den Hintern zu treten. Dieser

Grundgute trägt den Namen *Staphylococcus epidermidis* und ist der Chef in der menschlichen Nase. Dort killt er Vetter *aureus* mit einem speziellen Enzym. Das ist die gute Nachricht. Die wenige gute: Nicht jeder von uns beherbergt diesen Retter in seinem Riechorgan.

## Der heimliche Krankmacher – Schimmelpilze

Im Fragebogen des *Observer* werden Prominente unter anderem gefragt, was sie wählen würden, wenn sie etwas Ausgestorbenes zurückbringen könnten. Die Antworten sind oft überraschend. »Umgangsformen«, meinte mal jemand.

Weil ich nicht prominent bin, fragt mich natürlich niemand. Dabei hätte ich schon eine Antwort parat: Die Rückkehr von einfachen Hygieneregeln, wie sie noch vor ein paar Jahrzehnten völlig üblich waren. Dazu gehört das Händewaschen. Aber auch das gute Durchlüften der Wohnung.

Gottlob sind die Zeiten vorbei, in denen arme Familien ihre Wohnungen »trocken« wohnen mussten. Aber machen wir uns nichts vor: In vielen Wohnungen herrscht ein ungesundes Feuchtklima, das auf mangelnde Durchlüftung zurückzuführen ist. Die Folge ist Schimmelbildung. Problematisch sind nicht die Schimmelflecken auf den Fugen im Bad. Aber Schimmel, der sich unbeobachtet unter der Tapete oder hinter Schränken ausbreitet, kann uns unangenehm werden.

Wer beispielsweise in der Wohnung häufiger unter brennenden Augen und einer laufenden Nase leidet, obwohl die Heuschnupfen-Saison noch gar nicht angefangen hat, könnte Opfer von Schimmel geworden sein.

Generell werden Pilzinfektionen als Krankmacher unterschätzt. Ein Team von schottischen Wissenschaftlern fand in einer Studie heraus, dass sie weltweit pro Jahr rund anderthalb Millionen Todesfälle verursachen. Erstaunlich: In der Tier- und Pflanzenwelt ist der verheerende Einfluss von Pilzen und Parasiten seit Langem anerkannt. Beim Menschen fehlt es aber bislang an hinreichenden Impfstoffen, um auf Infektionen besser reagieren zu können, und auch die Auswahl an Wirkstoffen gegen Pilzinfektionen ist überschaubar.

## Madenwurm

Der Ekelparasit – Madenwurm

Dieser Parasit eignet sich vortrefflich für das altbekannte »Ich sehe was, was du nicht siehst«-Spiel – zumal Kinder besonders häufig betroffen sind. Also: Ich sehe was, was du nicht siehst, es ist weiß, etwa einen Zentimeter lang, dünn wie ein Faden und kriecht aus deinem Popo!

Rund 50 Prozent aller Menschen weltweit werden mindestens einmal in ihrem Leben von Madenwürmern befallen. Häufig werden sie von unseren Kindern in die Wohnung eingeschleppt. Weil Kinder ihre Hände wirklich überall haben und ihre Finger auch dauert ganz ungeniert in den Mund nehmen.

Madenwürmer sind ein massives ästhetisches Problem und wirklich niemand möchte sie im Haus haben. Allerdings steht der Ekelfaktor nicht unbedingt im Verhältnis zu dem eher geringen Schaden, den diese oft mit dem bloßen Auge erkennbaren Lebewesen anrichten. Und mit einem Anthelminthikum (Wurmmittel) wird man sie auch flugs wieder los.

# Listeria

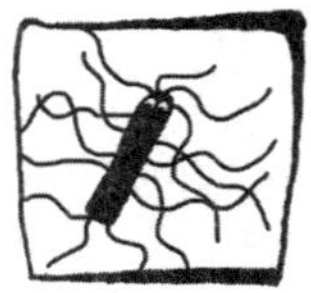

## Die Schrecken der Schwangeren: Listerien und Toxoplasmose

Es ist ja nicht so, dass Frauen während der Schwangerschaft und mit der Geburt bereits genug auszuhalten hätten. Dass obendrein noch ein paar wirklich hinterhältige Keime die Last erschweren, ist eine große Ungerechtigkeit des Schicksals. Auch deshalb kann gar nicht oft genug gewarnt werden vor diesen Unholden: Listerien und *Toxoplasma gondii*.

Von beiden geht normalerweise keine große Gefahr aus. Für Schwangere kann der Befall mit diesen Parasiten jedoch verhängnisvoll sein.

Listerien, die in der Allgemeinheit nahezu unbekannt sind, gehören vermutlich zu den anspruchslosesten Lebewesen überhaupt. Sie brauchen nicht mal Sauerstoff und können auch in völlig nährstoffarmen Umgebungen überleben. Sie tauchen in Großbetrieben auf, leben aber auch auf Gummidichtungen, auf Pflanzen, Kompost oder im Abwasser. Große Kälte oder Hitze macht ihnen gar nichts – erst bei Temperaturen über 70 Grad Celsius sterben sie verlässlich ab.

Die zwangsläufige Frage, warum die Natur einen derart widerstandsfähigen und gleichzeitig völlig überflüssigen Keim hervorgebracht hat, muss an dieser Stelle unbeantwortet bleiben. Schwangere geraten neben den genannten Orten durch Rohmilch, vorgeschnittene Salate sowie geräucherten und marinierten Fisch mit dem Erreger in Berührung und sollten diese Produkte deshalb tunlichst meiden.

Dieser Rat gilt auch für jegliches rohe Fleisch und Katzenkot. Denn dies ist der Tummelplatz von *Toxoplasma gondii*. Hat sich ein Mensch einmal mit diesem Parasiten infiziert, bildet er sofort Antikörper. Eine Erstinfektion kann eigentlich nur in einer Lebenssituation verheerend wirken: während der Schwangerschaft, denn *Toxoplasma gondii* kann nicht dem Erwachsenen, wohl aber dem Ungeborenen schwerste Schäden zufügen.

## Die historische Plage – Krätze

Preisfrage: Um wie viel attraktiver ist die Vorstellung, unter Krätze zu leiden, wenn man weiß, dass auch Napoleon Bonaparte unter der parasitären Hautkrankheit litt?

Napoleon hat sich wohl auf dem Schlachtfeld mit der Krätzmilbe angesteckt. Anschließend verfiel er angeblich einem regelrechten Reinheitswahn. Seit Langem gilt die Krätze als

Stigma der Verkommenen und Verdreckten. Aber das ist ein Mythos. Einladend für den Parasiten ist offenbar eine trockene Haut, nicht aber eine dreckige. Es kann also jeden treffen. Die winzigen, spinnenartigen Milben verkriechen sich in der Haut zwischen Fingern und Zehen, in Ellenbogen und Achselhöhlen und graben dort ihre Gänge; auch im Genitalbereich fühlen sie sich wohl.

Nimmt man den inzwischen gebräuchlichen Fachbegriff »Skabies« (*Skabere* ist lateinisch für »kratzen«), klingt die Parasiteninvasion der Haut schon gleich weniger dramatisch.

Augenscheinlich jedoch gehen die Fallzahlen für diese längst ausgestorben geglaubte Juck- und Kratzplage wieder nach oben. Von 2016 auf 2017 habe es eine Zunahme von 38 000 auf 61 000 Fälle gegeben, meldete die Barmer-Krankenversicherung. Man kann die höheren Fallzahlen auch an der stetig wachsenden Nachfrage nach Permethrin-haltigen Cremes ablesen. Dieses Mittel kann die Skabies innerhalb weniger Tage eliminieren. Sie müssen also noch nicht mal einem Waschzwang verfallen wie Napoleon. Der Feldherr hatte sich, weit weniger wirkungsvoll, noch mit Quecksilber-Packungen behandeln lassen.

# 2. Ein Keim kommt selten allein

## Die Hygiene-Hypothese oder warum wir endlich abrüsten sollten

Mal ganz direkt gefragt: Wie verhüten Sie eigentlich? Nein, nicht das, was Sie jetzt denken. Es geht hier natürlich um Hygiene. Und darunter versteht man nicht die Kunst des Putzens, wie manche irrtümlich glauben. Hygiene ist vielmehr die Lehre von der Verhütung von Infektionskrankheiten und der Förderung und Festigung der Gesundheit.

Hygieia ist der griechischen Mythologie zufolge die Tochter des Asklepios, des Gottes der Heilkunst. Auch Hygieia hat die Familientradition fortgeführt und einen Job in der gesundheitsdienlichen Branche übernommen: Sie wurde zur Schutzpatronin der Apotheker. Vor allem aber verkörpert ihr Name den Goldstandard in Sachen Reinlichkeit. Egal ob zu Hause, in der U-Bahn oder am Arbeitsplatz: Wenn an einem Ort unhygienische Zustände herrschen, dann sollte dies schleunigst geändert werden.

Doch was genau ist eigentlich hygienisch? Es soll Menschen geben, die das Leben nur noch in Begleitung eines Desinfektionsmittels bewältigen können. Von dieser erhöhten Alarmbereitschaft profitiert in jedem Fall die Chemieindustrie, die uns mit immer neuen giftgrünen und neongelben Mixturen versorgt und so die Illusion einer möglichen Keimfreiheit in unseren eigenen vier Wänden vermittelt.

## Im Land der Infektionsanfälligen

Aber die Leserinnen und Leser dieses Buches wissen es ja bereits besser: Keimfreiheit ist ein Ding der Unmöglichkeit. Wir leben zusammen mit Tausenden unterschiedlicher Arten von Keimen. Allein in einem Küchenschwamm hausen Milliarden von Mikroben (mehr dazu im nächsten Abschnitt). Ständig sind wir von ihnen umzingelt – selbst in der entlegensten Ecke unseres Domizils. Igitt?!

Aber ist das wirklich so schlimm?

Und ob, sagen jene »klassischen Hygieniker«, die auf der Notwendigkeit zu antimikrobiellen Schutzmaßnahmen sowohl im Krankenhaus als auch zu Hause pochen. Mag ja sein, auch wenn die Legionellen aus dem Duschkopf, der Schimmel hinter der Tapete oder die Salmonellen aus dem Kühlschrank einen fitten und gesunden Menschen nicht aus der Spur werfen. Doch das ist möglicherweise zu kurz gedacht.

Denn Deutschland wird immer infektionsanfälliger. Wie das sein kann? Im Jahr 2040 werden weit über 23 Millionen Deutsche älter als 65 sein. Schon jetzt graut selbst jüngeren Patienten vor einem längeren Aufenthalt im Krankenhaus. Das European Centre for Disease Prevention and Control (ECDC) geht davon aus, dass sich in Deutschland jedes Jahr 500 000 Menschen in den Spitälern aufgrund von Keimen eine sogenannte nosokomiale Infektion zuziehen; rund 15 000 Betroffene sterben an den Folgen. Es gibt auch Schätzungen, die von nahezu doppelt so hohen Zahlen ausgehen.

Blutvergiftungen, Lungenentzündungen, Harnwegsinfekte und Wundinfektionen stehen ganz oben auf dieser Horrorliste. Der zentrale Ort der Heilung im System unserer Gesundheitsversorgung wandelt sich allmählich in einen Ort des Schreckens.

Seitdem die gesetzlichen und privaten Krankenversicherungen für jeden Patienten nur noch Fallpauschalen zahlen, werden aus Kostengründen jedoch immer mehr Kranke zu Hause gepflegt. 2015 waren es schon nahezu drei Millionen Menschen. Und auch diese Zahl wird deutlich steigen.

Deshalb gewinnen sinnvolle Desinfektionsmaßnahmen zu Hause auch immer mehr an Bedeutung. Kurioserweise befinden wir uns in Sachen Hygiene in einer merkwürdig gespaltenen Situation. Einerseits grassieren in weiten Teilen der Gesellschaft Ängste vor Keimen und Bakterien, die mitunter schon phobische Züge haben. Diese Sorge vor pathogenen Mikroorganismen schlägt sich in einer nie gekannten Angebotsfülle von Reinigungs- und Desinfektionsmitteln nieder, wie sie in jedem Drogeriemarkt zu besichtigen ist.

Andererseits vernachlässigen wir zunehmend elementare und bewährte Verhaltensweisen, die uns vor schädlichen Bakterien schützen können. Jeder, der Kinder hat, kennt das: Es ist eine erstaunlich aufwendige Erziehungsmaßnahme, die Kleinen vom regelmäßigen Händewaschen zu überzeugen. Um die als lästig empfundene Routine zu umgehen, drehen findige Kinder einfach nur für ein paar Sekunden den Wasserhahn auf, um zumindest Aktivität zu simulieren. Ich habe den Eindruck, dass es viele Erwachsene inzwischen genauso halten.

Vor knapp drei Jahrzehnten wurde die Welt der Hygieneforschung allerdings von einer neuen Sichtweise durcheinandergewirbelt, die scheinbar altbewährte Erkenntnisse auf den Kopf stellte: Leben wir und unsere Kinder in viel zu sterilen Verhältnissen?

## Das unterforderte Immunsystem

1989 war ein historisches Jahr, und das nicht nur, weil in Ost-Berlin die Mauer fiel. Ungefähr zur gleichen Zeit ließ der Aufsatz eines gewissen David P. Strachan aufhorchen – und zwar nicht nur die Experten und Fachgelehrten, sondern auch den interessierten Laien. Denn was der Professor für Epidemiologie aus England mitzuteilen hatte, ging alle an: Strachan behauptete, dass Kinder in der auf Sterilität getrimmten Wohnung der westlichen Zivilisation zu der Kranken von morgen erzogen würden.

Das klingt zunächst mal paradox! Doch Strachan wies nach, dass die fehlende Herausforderung des Immunsystems durch eine keimarme Umgebung in der Kindheit sich in späteren Jahren auf höchst unerwünschte Weise bemerkbar macht. Natürlich war auch Strachan vor knapp dreißig Jahren schon aufgefallen, dass die Bewohner der Städte immer weniger Kinder bekamen.

In den Haushalten lebten ein oder zwei Kinder – nach Einschätzung des Epidemiologen deutlich zu wenig, um sich in erwünschtem Maß gegenseitig mit Keimen zu infizieren. Strachan stellte die Hypothese auf, dass unter klinisch sauberen Bedingungen Heranwachsende eine deutlich höhere Anfälligkeit für Asthma, Heuschnupfen und andere Allergien entwickelten.

Die klassischen Hygieniker fühlten sich durch diese Äußerungen erwartungsgemäß herausgefordert. Dazu beigetragen haben dürfte, dass Strachans Erkenntnisse unter Fachkundigen wie Laien als »Die Hygiene-Hypothese« firmierte – ganz so, als könnte der Londoner Naturwissenschaftler die Deutungshoheit über dieses wichtige Thema für sich beanspruchen.

Es ist ein interessantes Detail, dass der Begriff »Hygiene« in Strachans Abhandlung nur in der Überschrift vorkommt – nicht aber im Text. Womöglich hat er ihn vor allem aus Alliterationsgründen benutzt: »Hay fever, hygiene, and household size«?

Seine These hat sich bis heute als gefühlte Wahrheit gehalten: Dass es nämlich irgendwie unnatürlich ist, wie wir in der Gegenwart leben, und dass es früher besser war, als sich noch Dutzende Kinder auf der Straße tummelten, zusammen mit streunenden Hunden und Katzen, und auch häufiger krank waren.

Lassen wir mal dahingestellt, ob es so eine Vergangenheit wirklich je gab oder ob sie nicht eher einer Illusion entspricht. 20 Jahre nach Erscheinen der Hygiene-Hypothese entkräftete der Kinderheilkundler Johan de Jongste von der Erasmus Universität in Rotterdam deren Grundannahme. De Jongste hatte Datensätze von rund 3500 Kindern ausgewertet, die über einen Zeitraum von knapp zehn Jahren, sogar ab der vorgeburtlichen Phase, untersucht worden waren.

## Keine Abhärtung durch frühe Infektionen

Von Bedeutung für die Untersuchung war nicht nur, ab welchem Alter die Kinder in Kindergärten betreut wurden. Auch die Anzahl der Geschwister wurde von den Forschern erfasst. Zunächst einmal schien sich Strachans Hypothese zu bestätigen: Kinder, die in den ersten beiden Lebensjahren in Tagesstätten betreut wurden, erkrankten doppelt so häufig an Atemwegsinfektionen wie jene Altersgenossen, die zu Hause blieben.

Für Kinder mit Geschwistern erhöhte sich das Risiko einer solchen Infektion sogar um das Vierfache. Doch diese frühen Strapazen härteten die Kinder keineswegs ab, wie die sogenannte Hygiene-Hypothese nahelegte. Als die jungen Teilnehmer der Studie im Alter von acht Jahren zum letzten Mal untersucht wurden, zeigte sich, dass die Kita-Kinder ähnlich anfällig für Allergien und Asthma waren wie die Daheimgebliebenen.

Dennoch hat das Lager, das die modernen Hygiene-Standards infrage stellt, Auftrieb erhalten. Denn die inzwischen relativierte Hygiene-Hypothese wurde ersetzt durch die sogenannte Alte-Freunde-Hypothese. Nun könnte man annehmen, dass an einer Theorie mit einem derart freundlichen Namen schon irgendwas dran sein muss.

Vertreter dieses Ansatzes bemängeln, uns fehle heutzutage der Kontakt zu vielen »alten, mikrobiellen Freunden«, etwa bestimmten Bakterien oder auch manchen Darmparasiten. Alleiniger Grund dafür sei aber nicht, wie noch Epidemiologe Strachan postuliert hatte, Kindermangel sowie verstärkte Körper- und Haushaltshygiene. Verhängnisvoll sei ausgerechnet jene weitgehend keimfreie Zone, die sich der Mensch in der westlichen Welt in den letzten Jahrzehnten zum Schutz gegen feindliche Mikroorganismen insgesamt geschaffen habe.

Dazu zählt Frischluft, die mit Filtern aufbereitet wurde, aber auch Trinkwasser, dessen Genuss in der Geschichte der Menschheit nie unbedenklicher gewesen sein dürfte als heute. Wie die EHEC-Epidemie im Jahr 2011 gezeigt hat, sind zwar auch in der Gegenwart noch böse Überraschungen bei Lebensmitteln möglich. Verglichen mit dem Nahrungsangebot von vor hundert Jahren, ja selbst vor fünfzig Jahren, droht aber heute nur noch vergleichsweise wenig Gefahr durch die hochverarbeitete Nahrung aus dem Supermarkt.

## Chemischer Kahlschlag – der falsche Weg

Wir haben uns gegen die Anfechtungen der Natur einen scheinbar perfekten Schutzwall gebaut. Und trotzdem gerät das Immunsystem vieler Menschen immer häufiger in eine bedenkliche Schieflage. Die Vertreter der Alte-Freunde-Hypothese würden sagen: genau, gerade deshalb! Umweltverschmutzung, Stress und Erkrankungen wie Übergewicht tragen allerdings sicher auch ihren Teil dazu bei.

Es zeichnet sich aber tatsächlich immer deutlicher ab, dass es keine besonders kluge Strategie ist, die uns umgebende mikrobiologische Flora und Fauna mit scharfer Chemie auszuradieren, schon gar nicht vorbeugend und ohne konkreten Anlass.

Seit Längerem ist bekannt, dass uns etliche nicht-pathogene Mikroorganismen überaus dienlich sind, indem sie beispielsweise unser Immunsystem stimulieren. Es ist eine zentrale Erkenntnis aus der humanen Mikrobiomforschung, dass unser Immunsystem weniger ein Abwehrsystem GEGEN als vielmehr ein Kommunikationssystem MIT Mikroben ist. Wie frustrierend Kommunikation allerdings sein kann, die nur in eine Richtung läuft, hat wohl jeder von uns schon erfahren.

Dennoch werden leider auch förderliche Bakterien mit jedem voreiligen Einsatz eines antimikrobiellen Reinigers, Desinfektionsmittels oder Antibiotikums bedenkenlos gekillt. Dabei verdichten sich die Hinweise, dass die Guten uns durchaus helfen können, mit den Bösen fertig zu werden.

Italienische Mikrobiologen haben beispielsweise nachgewiesen, dass durch Einsatz chemischer Reinigungsmittel zur Säuberung von Oberflächen in Krankenhäusern allenfalls kurzfristige Erfolge erzielt werden. Mittelfristig überwiegen jedoch die üblen Folgen. Über 50 Prozent der pathogenen Keime kamen schon kurz danach zurück – und zwar ähnlich wie das grüne

Fabelwesen Hulk aus den Marvel-Comics, wenn es angegriffen wird: nämlich viel stärker!

Die Übelkeime entwickelten eine Resistenz gegen die chemische Keule und ließen sich danach gar nicht mehr vertreiben. Weit größere Erfolge erzielte hingegen das Putzen mit einem probiotischen Mittel, das lebende Mikroben enthält. Die Forscher griffen die Krankenhauskeime mit einer Tinktur an, in der sich drei Arten von Bazillen tummelten. Offenbar ging die Bakterien-Putzkolonne eifrig auf die feindlichen Einzeller los. Denn sie hatte Erfolg. Danach waren neunzig Prozent der krank machenden Keime auf Nimmerwiedersehen verschwunden.

## Unser Zuhause – Eine WG für Mikroorganismen

Spannende Studien wie jene der italienischen Kollegen könnten vielleicht den Weg bereiten für ein völlig neues Verständnis für den Lebensraum, in dem wir die meiste Zeit unseres Lebens verbringen: unsere eigenen vier Wände. In einer Pilotstudie in den USA haben Wissenschaftler in vierzig verschiedenen Häusern an jeweils neun unterschiedlichen Stellen Proben entnommen. Das Ergebnis: Insgesamt stießen die Forscher auf 7726 verschiedene Bakterienarten. Das entspricht einer Vielfalt, wie man sie auch im menschlichen Darm findet.

Die größte Mikrobenvielfalt wurde übrigens auf den Türverkleidungen und auf den Fernsehern gefunden – vielleicht, weil sie viel Staub anziehen und selten gereinigt werden. Herangezüchtet wird das Indoor-Mikrobiom hauptsächlich vom Menschen und seinen Haustieren. Aber auch Luft, Hausstaub, Trinkwasser, der Schmutz von unseren Schuhsohlen oder die ins Haus gebrachten Lebensmittel nähren dieses gewaltige Imperium von Mikroorganismen.

Wäre es also angesichts dieser Erkenntnisse nicht sinnvoll, unser Zuhause so zu verstehen wie das kaum durchdringliche Gewusel in unserem Darm – als komplexe Lebensgemeinschaft von Mikroorganismen, die dort hausen und denen wir zumindest zu einem Gutteil unser Wohlbefinden verdanken?

»Ehre deine Symbionten« (»Honor thy symbionts«), dazu hat im Jahr 2003 der renommierte US-Biologe Jeffrey L. Gordon in einem Fachartikel aufgerufen. Die Forderung nach Respekt für unsere Darmmikroben war vor fünfzehn Jahren eine kühne Maßnahme. Inzwischen wissen wir um die überragende Rolle, die Bakterien, Keime und Parasiten für unsere Gesundheit haben. Womöglich ist allmählich die Zeit für ein ähnlich verwegenes Postulat gekommen: »Ehre deinen mikrobiellen Untermieter!«

Vor einem halben Jahrhundert war die Vorstellung noch undenkbar, dass uns ein Netzwerk von Mikroorganismen umgibt, das mit unserem Körper aufs Engste interagiert. Warum sollte es also nicht möglich sein, dass ein Haus oder eine Wohnung über ein eigenes Mikrobiom verfügt?

Die Geheimnisse des körpereigenen Mikrobioms sind zwar noch längst nicht enträtselt, dennoch haben Mikrobiologen bereits ein neues Forschungsfeld ins Visier genommen: das sogenannte Built-Environment-(BE)-Mikrobiom. Als »gebaute Umwelt« gilt alles, was von Menschenhand errichtet wurde. Etwa sechs Prozent der eisfreien Landfläche auf der Erde wird eingenommen von Wohnhäusern, Krankenhäusern, Büros, Ämtern, Supermärkten, Industrieanlagen, Sportstätten, Hotels, Schwimmbädern, Bahnhöfen, Autos, Zügen, U-Bahnen – ja selbst U-Boote und abgelegene Forschungs- und Raumstationen gehören dazu.

Dieser extrem vielfältige Lebensraum vergrößert sich beständig. Seinen Anfang genommen hat das gewaltige Habitat, als die Menschen vor rund 20 000 Jahren sesshaft wurden. Bewohner der Industrieländer verbringen etwa neunzig Prozent ihrer Lebenszeit in Innenräumen. Höchste Zeit also, dass die Wissenschaft diesem für unsere Gesundheit so wichtigen Lebensraum mehr Aufmerksamkeit schenkt.

## Unser Heim – die extremste Klimazone

Wenn man Schulklassen nach dem unter klimatischen Gesichtspunkten verrücktesten Ort auf dieser Erde fragen würde, bekäme man vielleicht als Antwort die Arktis, den Amazonas oder die Wüste Gobi zu hören. Aber wer hätte gedacht, dass wir in unseren eigenen vier Wänden die extremsten Umweltbedingungen schaffen, wie sie in der Natur niemals vorkommen?

Nehmen wir mal an, man lüftet an einem knackig kalten Wintermorgen bei Außentemperaturen von minus 20 Grad Celsius die Wohnung für eine Viertelstunde. Anschließend werden die Fenster wieder geschlossen und die Wohnung per Knopfdruck auf angenehme 25 Grad hochgeheizt. Mir ist kein Ort bekannt, an dem sich innerhalb so kurzer Zeit eine derart extreme Temperaturschwankung von 45 Grad vollziehen könnte.

Ein anderes Beispiel: Gleich nach dem Schock-Lüften versammelt sich die Familie morgens am Frühstückstisch. Brötchenkrümel bröseln auf den Tisch, Marmelade und Reste von Streichkäse kommen hinzu, hier fällt ein Klecks Butter auf den Boden, dort etwas Rührei. Anschließend kommt das familiäre Putzkommando und beseitigt das Chaos: Heißes Wasser, ein paar ordentliche Spritzer Neutralreiniger, und schon verwandelt sich das an Nährstoffen überreiche Habitat in eine chemisch gereinigte Wüstenei. Man wird schwerlich einen Ort in der Natur finden, an dem sich die Verhältnisse ähnlich schnell vom mikrobiellen Schlaraffenland ins Tal des Todes verwandeln.

Extreme Umweltbedingungen, steile Gradienten und überaus fluktuierende Verhältnisse auf kleinstem Raum sind typisch für die gebaute Umwelt. Unseren Mikroben bereitet dieses Hin und Her richtig Stress. Nur weiß die Forschung im Augenblick noch nicht, was dieser Stress anrichtet. Eine etwas beunruhigende Hypothese ist allerdings, dass wir uns durch diese widrigen, extrem schwankenden Bedingungen Superkeime heranzüchten, denen so gut wie gar nichts mehr etwas anhaben kann.

Womöglich ist dieser Prozess schon in vollem Gange. Evolutions-Mikrobiologen halten für denkbar, dass sich die Innenraum-Mikroben wie Haustiere mit uns entwickelt haben. 20 000 Jahre wären eine ausreichend lange Zeit für solche Entwicklungen.

Doch unser Wissen um unser mikrobiologisches Fundament ist dürftig. Es ist in etwa so, als würden wir mit einer kleinen Taschenlampe in einen dunklen Schacht leuchten. Wir können zum Mond fliegen und Herzen transplantieren, was unsere winzigen Untermieter jedoch im Schilde führen, davon haben wir nur eine sehr begrenzte Vorstellung.

## Gute Bazillen bekämpfen Schimmel

Vielleicht hilft ein Blick in die Tierwelt: Für eine Reihe von Tieren ist die Mikroflora ihres Baus von größter Bedeutung: Regenwürmer etwa spannen Mikroben bei der Nahrungsaufnahme regelrecht für sich ein. Sie ziehen Blätter in ihre Röhren und lassen das Grünzeug dann von den dort vorhandenen Bakterien vorverdauen. Zugegeben, so ein externer Darm würde in unseren Wohnungen ein etwas verstörendes Ambiente schaffen.

Auch Blattschneideameisen profitieren enorm von Mikroorganismen. In ihren Bauten lassen sie auf abgeschnittenen Blättern ganze Pilzgärten wachsen, von denen sie sich ernähren.

Viele Gartenbesitzer erlauben sich auf ihren ansonsten symmetrisch abgezirkelten englischen Rasenflächen kleine Öko-Nischen: Blumenwiesen als Tummelplatz für die Wald- und Wiesenbewohner. Wären solche Schutzzonen für unsere mikrobielle Flora auch in unseren Häusern und Wohnungen denkbar?

Hygieniker weisen üblicherweise auf die »Critical Control Points« in einer Wohnung hin – das sind jene Stellen, an denen wir zu besonderer Reinlichkeit aufgerufen sind und uns der Gefahr pathogener Keime bewusst sein müssen. Vorstellbar wären aber künftig auch »Controlled Contact Points«, an denen wir gezielt in Kontakt mit »guten« Keimen kommen.

Ein Blick in das Zukunftslabor mikrobiologischer Haushaltsführung erinnert an jenen Moment in James-Bond-Filmen, wenn sich 007 in der Entwicklungsabteilung des britischen Geheimdienstes MI6 von »Q« aberwitzige Waffen und kuriose Karossen vorführen lässt: Mit guten Bazillen imprägnierte Tapeten könnten etwa aufkeimenden Schimmel bekämpfen, wenn es in der Wohnung zu feucht geworden ist. Teppiche, die zur Kultivierung wertvoller Bakterien einladen, würden uns und unsere Kinder beim Herumtollen auf dem Boden probiotisch animpfen.

Die Transplantation von Stuhl bei Kranken mit einer gestörten Darmflora kann Wunder wirken. Vielleicht ist es eines Tages möglich, ein gesundes Innenraum-Mikrobiom in ein schwächelndes Milieu zu verfrachten. Gesunder Hausstaub von Schwarzwald-Bauernhöfen für Berliner Hinterhofwohnungen – so in etwa könnte das laufen.

Schon jetzt gibt es die Idee, in Krankenhäusern »Mikrobiom-Erholungsräume« einzurichten, in denen Patienten nach einer Operation ihre mikrobielle Lebensgemeinschaft päppeln können.

Das alles mag Zukunftsmusik sein, doch eine Erkenntnis zeichnet sich bereits deutlich ab: Wir sollten unserer mikrobiellen Heimflora etwas mehr Respekt und Wertschätzung entgegenbringen, als es bisher üblich ist. Seien wir also weniger Donald Trump und versuchen wir nicht, unsere vermeintlichen Hygiene-Probleme daheim mit dem Zünden der Atombombe zu lösen.

Erinnert sich noch jemand an Hans-Dietrich Genscher? Von 1974 bis 1992 Außenminister der Bundesrepublik Deutschland, Dauerträger eines gelben Pullunders und Meister der Diplomatie und Krisenentschärfung. Genscherist zu sein bedeutet bezogen auf unsere Situation: Antimikrobielle und probiotische Strategien müssen fein austariert werden. Stellen wir ein Gleichgewicht der Kräfte her! Seien wir gute Diplomaten! Das könnte unserer Gesundheit sehr zuträglich sein.

## Der Küchenschwamm – das größte Keimhotel der Welt

Klar, Kinder wollen ein Haustier haben, idealerweise ein Pony im Garten oder einen Hamster. Zur Not tut's vielleicht auch eine Maus. Irgendwo da draußen lebt jedoch ein Junge, dessen Haustier Margot heißt. Margot ist ein Küchenschwamm.

Weit davon entfernt, bestürzt über diese Tatsache zu sein, offenbarte die Mutter des Jungen dessen Zuneigung zu dem Kunststoffquader im Internet. Der Küchenschwamm sei doch wegen seines komplexen Ökosystems durchaus verehrungswürdig, argumentierte sie. »Für diejenigen von uns, die keine Haustiere haben, können vielleicht die Küchenschwämme die Rolle eines kleinen Hundes oder einer Katze übernehmen – zumindest, was deren Belastung mit Bakterien angeht«, meinte die Frau namens Joanna allen Ernstes.

Ist Joanna übergeschnappt?

Ich kenne weder sie noch ihren Sohn persönlich, aber diese Geschichte hat mein Interesse geweckt. Denn an der Sache mit dem Küchenschwamm bin ich nicht ganz unschuldig. Im Sommer 2017 haben einige Kollegen und ich eine Studie veröffentlicht, die erstmals die immense Keimbelastung in solchen Schwämmen sichtbar gemacht hat. Bis zu 54 Milliarden Bakterien leben pro Kubikzentimeter in so einer Küchenhilfe.

## Bakteriendichte wie in Stuhlproben

Nur mal zum Vergleich: Auf der Erde haben seit dem Erscheinen von *Homo sapiens* vor etwa 200 000 Jahren bis heute schätzungsweise rund 100 Milliarden Menschen gelebt. Auf zwei Kubikzentimetern Küchenschwamm hausen also mehr Bakterien, als sich je Menschen auf der Erde getummelt haben. Für dieselbe Dichte an Biomasse müsste man drei Billionen Menschen in den Grand Canyon stapeln.

War die Welt reif für diese Entdeckung? Ein Tippfehler in unserer Pressemeldung zu dem staunenswerten Fund machte uns überhaupt erst bewusst, wie wenig allgemein darüber bekannt ist, was im Mikrobenreich als »viel« und »wenig« gilt.

Statt 5,4 × 10 hoch 10 Keimen pro Kubikzentimeter hieß es in der Mitteilung, wir hätten im Schwamm 5,4 × 1010 Bakterien pro Kubikzentimeter gefunden. Das wären 5454 Keime – aus Sicht eines Mikrobiologen ist das eine lächerlich geringe Zahl. Doch einige Medien griffen die Meldung trotzdem auf und waren schockiert: 5454 Keime in einem Kubikzentimeter Küchenschwamm!

Letztlich war es eine andere Tatsache, die für Wirbel gesorgt hat: Eine Bakteriendichte wie in den Reinigungshilfen findet sich sonst nur in menschlichen Stuhlproben.

So sah das offenbar auch die Redakteurin der *New York Times*, die mich wenige Wochen nach Veröffentlichung der Studie anrief. Dazu muss man wissen, dass das Thema Schwammhygiene in den Vereinigten Staaten eine sehr ernste Angelegenheit ist. Dieser widmen sich die Amerikaner beinahe mit religiösem Eifer.

Es gibt dort unzählige Blogs und YouTube-Videos, in denen selbst ernannte Experten darüber aufklären, wie man einen Küchenschwamm am besten von Mikroben befreit.

*Der Küchenschwamm, ein Eldorado für Keime. In zwei Kubikzentimetern eines Küchenschwamms gibt es mehr Keime, als je Menschen auf der Erde gelebt haben.*

Die Redakteurin von der *New York Times* fragte mich also, wie man erkennt, dass ein Schwamm reif ist für den Müll. Ich wollte witzig sein und sagte: »Wenn er anfängt zu laufen.« Ich musste an eine Szene in dem berühmten Horrorfilm *Poltergeist* denken, in der sich ein Steak wie von Zauberhand über einen Küchentresen bewegt. Ich habe recht lange gebraucht, um ihr zu erklären, dass das ein Scherz sein sollte.

Die kleine Geschichte, die schließlich in der *New York Times* veröffentlicht wurde, sollte eigentlich auf amüsante Weise eine interessante Frage beantworten: Warum stinken Schwämme überhaupt? Die Erklärung dafür ist wahrscheinlich die prominente Anwesenheit des Bakteriums *Moraxella osloensis*, das auch den Modergeruch erzeugt, der manchmal von gewaschener und anschließend unter feuchten Bedingungen gelagerter Wäsche ausgeht.

## Panik in den USA, Sorge in Europa

Aus der Ferne beobachtete ich nun mit einer Mischung aus Belustigung und Unglauben, was der vergleichsweise kleine Bericht anrichtete. Die Autorin des Textes wurde mit Post von verunsicherten Lesern überhäuft.

Ein zweiter Text folgte, der die Dinge etwas zurechtrückte. An der Tatsache kommt man jedoch nicht vorbei: Der Küchenschwamm ist ein mikrobieller Hotspot. Hygieniker sprechen allerdings lieber von einem »Critical Control Point«. Das sind aus Expertensicht jene heiklen Orte im Haushalt, die man stets gut im Blick behalten sollte, weil hier womöglich Risiken für die Gesundheit lauern.

Ich will gar nicht so tun, als seien nur Amerikaner auf das Thema angesprungen. Auch aus Europa kamen teils panische Reaktionen. Man kann sich leicht erklären, warum das Thema so viel Interesse weckte. Allein in Deutschland gibt es mehr als 40 Millionen Privathaushalte, in den meisten davon müffelt mindestens ein Küchenschwamm vor sich hin, vermutlich aber sogar zwei oder mehr. In ganz Europa sind es ungefähr 220 Millionen Privathaushalte. Macht nach konservativer Rechnung 440 Millionen Küchenschwämme.

So ein einzelner Küchenschwamm ist natürlich ein Leichtgewicht, der wiegt im trockenen Zustand ganze zehn Gramm. 440 Millionen Küchenschwämme sind aber eine Macht.

Aber was macht diese Küchenhilfen eigentlich zu derart

beliebten Keimbehausungen? Wir haben bei unseren Tests im Labor 362 unterschiedliche Bakterienarten in 14 verschiedenen Schwämmen gefunden. Das ist eine deutlich höhere Vielfalt, als man es bislang für einen Gebrauchsgegenstand dieser Art für möglich gehalten hätte. Und von der Menge der Keime her tummeln sich in einem gebrauchten Schwamm fast so viele Mikroben wie in einem ganzen Menschen (zehn Billionen). Man könnte also davon sprechen, dass Küchenschwämme wie Margot ihr eigenes Mikrobiom besitzen. Das ist schon irre.

In Deutschland besteht ein normaler Küchenschwamm aus dem Supermarkt zumeist aus Kunststoffen wie etwa Polyurethan. Was man mit dem bloßen Auge nicht erkennt, aber unter dem Mikroskop sehr gut sehen kann: Dieses Material besitzt unendlich viele Poren, die im Inneren des Schwamms eine riesige Oberfläche schaffen. Für Mikroorganismen bietet sich dadurch viel Platz zum Wachsen und Ausbreiten.

Es kommen aber noch einige weitere Gründe hinzu, die erklären, warum ein Küchenschwamm für Keime geradezu eine Nobelherberge darstellt. Wir würden es sicher hassen, wenn in unserem Hotelzimmer die Feuchtigkeit durch Decke, Boden und Wände nur so triefen würde. Bakterien jedoch lieben Feuchtgebiete. Dazu gibt's jede Menge Leckereien frei Haus, Zimmerservice de luxe sozusagen: Mit jedem Klecks Joghurt und jedem Spritzer Brathähnchensaft, der aufgewischt wird, werden die Erreger mit ausreichend Nährstoffen versorgt. Auf diese Weise – durch Überbleibsel vom Hähnchen – checkt übrigens vorzugsweise unser wenig geschätzter Kumpel *Campylobacter* in die Keimklause ein.

## Fäkalbakterien: vom Salat in den Küchenschwamm

Vegetarier, so meine Erfahrung, hoffen aufgrund ihres Fleischverzichts in der Regel auf mildernde Umstände, was die Keimkolonisation ihrer Küchenschwämme anbelangt. Das ist allerdings nur bedingt zutreffend. Sicher, die Übeltäter aus dem Fleisch bleiben draußen. Andere Fieslinge, die wir schon kennengelernt haben, kommen aber rein.

Listerien lauern beispielsweise auch auf pflanzlichen Produkten. Auch EHEC kann ein Problem bei Obst, Gemüse und Salat sein. Wir erinnern uns: Die Epidemie von 2011 ging von Bockshornkleesprossen aus – einem Lebensmittel, das womöglich eher in einem Vegetarier-Haushalt zu finden ist als bei Fans von Burger und Bratwurst.

Wenn Salat und Gemüse mit Wasser gegossen wird, das durch Fäkalbakterien kontaminiert wurde, kann das üble Folgen haben. Auch wenn beispielsweise der Salatkopf halbwegs ordentlich gewaschen wurde, ist es möglich, dass der Putzschwamm, gelangweilt in der Spüle liegend, mit dem verunreinigten Wasser in Berührung kommt. Das ist ein interessanter Kreislauf: Auf diese Weise gelangen Fäkalbakterien vom Gießwasser auf den Salat und dann in den Schwamm.

Darmbakterien wie *Escherichia coli* werden bei Analysen von Küchenschwämmen immer wieder gefunden. Das liegt auch daran, dass gerade E. *coli* sich lange Zeit außerhalb der wohlig warmen Darmhöhle am Leben halten kann.

Weil in der Küche nun mal gekocht, gebacken und gebraten wird, ist es dort tendenziell auch wärmer als in anderen Bereichen der Wohnung. Auch Spül- und Waschmaschine erwärmen zumindest zeitweilig die Umgebung. Wärme schafft gepaart mit Feuchtigkeit geradezu perfekte Lebensbedingungen für Bakterien. Also wächst und gedeiht die Mikrobenlandschaft in den gelben, blauen und rosafarbenen Kunststoffquadern auf das Prächtigste, während wir gar nicht mitbekommen, welchen Feind wir uns da heranziehen. Denn leider sieht man den Schwämmen nicht unbedingt an, wie dreckig sie in Wahrheit sind.

Ich sage Ihnen hier deshalb die ungezuckerte Wahrheit: Wenn Sie auf Nummer sicher gehen wollen, schmeißen Sie das Ding am besten nach einer Woche in den Müll und holen eine neue, frische Spülhilfe aus der Packung. Nur, so viel habe ich inzwischen gelernt, ist diese Wahrheit gar nicht so leicht unters Volk zu bringen. Auch Leute, die ohne mit der Wimper zu zucken alle drei bis fünf Jahre einen Neuwagen kaufen oder jeden Monat einen nicht unerheblichen Teil ihres Einkommens in ihre Garderobe investieren, unterwerfen sich beim Thema Küchenschwamm einem bizarren Spardiktat. Und diese Tatsache gilt anscheinend nicht nur für meine schwäbische Wahlheimat, sondern für die gesamte westliche Zivilisation.

## Was Küchenschwämme mit Ratten verbindet

Das ist sicher der Moment, wo ich weniger als Mikrobiologe und mehr als Therapeut gefragt bin. Man weiß ja: Es hat überhaupt keinen Zweck, dem Schokoladenabhängigen seine tägliche Tafel verbieten zu wollen. Aber wie wäre es mit ein paar veränderten Ritualen? Nicht dauernd zwischendurch zu naschen, sondern nur abends ein Riegel zur Belohnung wäre doch ein Fortschritt. So ähnlich verhält es sich auch hier. Wer partout seinen Schwamm nutzen möchte, bis nur noch ein undefinierbarer Faserklumpen übrig geblieben ist: Bitte schön, an mir soll's nicht liegen!

Aber vielleicht gibt es die eine oder andere Idee, der still wachsenden Keimarmee in der Küchenhilfe dennoch Einhalt zu gebieten. Das Grundproblem: Küchenschwämme und Ratten haben etwas gemeinsam. Beide Lebensformen sind nämlich extrem anpassungsfähig. Von Ratten heißt es, dass sie mutmaßlich auch einen Atomkrieg überleben könnten. Ich bin kein Zoologe und würde für diese Theorie auch nicht meine Hand ins Feuer legen, aber eines glaube ich ganz sicher: Die Keimpopulation aus so einem vollbesetzten Schwammhotel würde vermutlich auch einen Atomschlag überstehen – zumindest ein bedeutender Teil davon, und damit fangen die Probleme erst an.

Es gibt etliche Möglichkeiten, einen Küchenschwamm zu reinigen. Und vermutlich wird dabei auch ein Großteil der vorhandenen Keime gekillt. Ein kleiner Teil besonders widerstandsfähiger Mikroben wird diese Attacke mit an Sicherheit grenzender Wahrscheinlichkeit überleben. Was bedeutet »klein« in diesem Zusammenhang? Wenn wir von nahezu zehn Billionen Bewohnern im Schwamm vor der Reinigung ausgehen, bleiben danach vielleicht noch zehn Millionen übrig. Das sind 0,0001 Prozent.

Zehn Millionen Überlebende ist immer noch ganz schön viel. Das wären immer noch knapp dreimal so viele, wie Berlin Einwohner hat (3,5 Millionen). Und man muss wissen: Diese davongekommenen Bakterien sind die harten, die in den Garten wollen.

Unsere Untersuchungen haben ergeben, dass der Reinigungsprozess ausgerechnet die potenziell krank machenden Bakterien im Schwamm verschont. Es sieht also ganz danach aus, als würden wir durch häufiges Reinigen in den Schwämmen allmählich eine kleine, aber resistente Armada von Keimen heranzüchten.

Mikrobiologen kennen schon länger das Phänomen extremophiler Mikroben. Wie der Name erahnen lässt, sind das Mikroorganismen, die auch mit extremen Umweltbedingungen klarkommen: Salzseen, Säuretümpel, Vulkanquellen oder Eiswüsten. Und jetzt raten Sie mal, wo auf unserem Erdball sich ebenfalls derart abrupte Klimaveränderungen abspielen: genau, in unserem Haushalt!

Kaum woanders finden sich derartige Extreme und Schwankungen, was Temperatur, pH-Wert oder auch Chemikalien betrifft. Während beispielsweise im Herd eine Pizza bei 220 Grad Celsius backt, kühlt nur wenige Meter entfernt im Eisfach das Magnum für den Nachtisch bei -20 Grad Celsius. Einen vergleichbar steilen Temperaturgradienten von 240 Grad Celsius auf wenigen Metern Entfernung findet man in der Natur äußerst selten.

Solche extremen Schwankungen der Umweltbedingungen auf kleinstem Raum bedeuten für viele Mikroben erheblichen Stress. Etliche gehen daran zugrunde. Doch einige Bakterien sind auch an solche Extreme angepasst. Aus diesem Grund vermag vermutlich auch keine noch so ausgeklügelte Säuberungsmethode einen Schwamm bis zur Sterilität zu reinigen. Zumindest nicht unter den Bedingungen eines normalen Haushalts.

## Ein Schwamm im Trockendock

Zum Glück sind in fabrikneuen Schwämmen keine nennenswerten Mengen von Bakterien vorhanden, zumindest konnten wir in unserer Studie keine nachweisen. Bei einem Auftritt in einer Fernsehsendung ging mir jedoch auf, wie man Keime im Küchenschwamm trockenlegen kann.

In dem Studio in Köln waren mehrere Familien aus der Umgebung zu Gast, bei denen ein Reporterteam und ich nach dem Zufallsprinzip geklingelt und um Schwammproben gebeten hatten. Im Labor untersuchten wir dann die Schwämme auf ihre Keimbelastung. Die Betroffenen waren ganz schön schockiert über die Ergebnisse.

Auch der Moderator der Sendung hatte eine Schwammprobe eingereicht. Wie sich herausstellte, war sein Schwamm der mit Abstand sauberste.

Allerdings war er auch erst unmittelbar vor der Sendung aus dem Urlaub zurückgekehrt. Er hatte uns also einen Schwamm gegeben, der völlig ausgetrocknet war und dessen Bakterienkultur schon seit Wochen keine Nährstoffe mehr bekommen hatte – eine sehr subtile Form der Bakterienvernichtung. Es wäre also denkbar, in der Küche mit einem Satz von mehreren Schwämmen zu arbeiten; einige davon könnte man dann vorübergehend aus dem Verkehr ziehen und ins Trockendock verfrachten.

Ich werde immer wieder von Leuten gebeten, ihre Methode der Schwammreinigung abzusegnen. Ich habe mal eine Hitliste der gängigsten Prozeduren erstellt (siehe Kasten S. 96). Wie gesagt, wirklich keimfrei bekommt man den Schwamm vermutlich mit keinem dieser Verfahren. Das bringt uns zu der entscheidenden Frage: Wie gefährlich ist denn das eigentlich?

Die Antwort ist ein etwas unbefriedigendes »Das hängt davon ab …«. Wenn Sie schwanger sind oder Ihr Immunsystem geschwächt ist, beispielsweise durch Krankheit oder Alter, kann ein gefährlicher Keim aus dem Schwamm Sie ins Krankenhaus bringen, er kann unter Umständen sogar Ihr Leben bedrohen.

»Wenn«, »kann«, »unter Umständen« – ja, Sie haben völlig recht! Es kann genauso gut sein, dass Sie Ihr Leben lang mit einer Keimschleuder von Drecklappen hantieren und es passiert gar nichts. Oder noch besser: Es nützt sogar Ihrem Immunsystem. Mit der sogenannten Hygiene-Hypothese haben wir uns bereits im vorangegangenen Abschnitt vertraut gemacht. Grob gesagt, handelt es sich dabei um eine Kontroverse unter Wissenschaftlern, die inzwischen schon seit einigen Jahrzehnten geführt wird.

Da gibt es also die eine Fraktion, die beständig auf die Gefahren von Keimen hinweist und die Segnungen der modernen Reinigungsmittelindustrie preist. Während die andere Fraktion Zweifel hegt, ob unsere Wohnungen wirklich bis zur Sterilität gewienert werden müssen. Diese Experten glauben eher, dass der bakteriologische Idealzustand erreicht war, als Kinder noch im Matsch tollten und mit Schweinen und Schafen auf dem Bauernhof spielten. Aus diesen Zeiten stammen auch rustikale Weisheiten wie »Dreck reinigt den Magen« und »Alles, was nicht länger als fünf Sekunden auf dem Boden lag, kann man noch essen«.

Mit Empirie kann man diese Sprüche schnell entzaubern. Die These jedoch, dass uns eine Konfrontation mit einer vielfältigen Keimkultur in der Kindheit im späteren Leben beispielsweise vor Allergien schützt, ist nicht so leicht auszuhebeln. Und da sind wir wieder bei Margot, unserem rechteckigen Haustier. Humorfrei wissenschaftlich betrachtet, könnte dieses Wesen (das sogar über ein eigenes Mikrobiom verfügt) durchaus jene Leerstelle besetzen, die früher von Haustieren eingenommen wurde. Und ein paar Vorteile gibt's noch obendrauf: Dieser kleine Freund braucht weder teures Futter noch Katzenstreu, will nicht dauernd nach draußen und kläfft auch nicht das ganze Haus zusammen. Und wenn es auf sein Ende zugeht, drohen keine kostspieligen Tierarztbesuche.

Nachdem unsere Studie weltweit Beachtung in den Medien gefunden hatte, meldete sich ein recht redseliger Mann aus Kanada bei mir. Der Anrufer war zunächst etwas aufgebracht. Er beschuldigte mich nämlich, ihm seine Geschäftsidee kaputt gemacht zu haben. Wie das?

Wie sich herausstellte, wollte er von Kanada aus den amerikanischen Markt mit Küchenschwämmen aus Kunststoff erobern. Dazu muss man wissen, dass in Amerika zumeist Schwämme verkauft werden, die auf Zellulose basieren. Dieses leicht verderbliche Naturprodukt wird dann zusammen mit aggressiver Chemie (Bleiche) eingesetzt. Die Schwämme aus Zellulose sind natürlich genauso verkeimt wie die hiesigen Produkte. Der Geschäftsmann war jedoch überzeugt, seine Ware würde weit weniger schnell kontaminieren. Zudem wäre dann auch noch die Bleiche überflüssig.

Unsere Studie mit Kunststoffschwämmen hatte nun leider das Gegenteil gezeigt. Das tat mir schon ein wenig leid. Andererseits wurde mir in diesem Gespräch wieder einmal vor Augen geführt, was den wahren Geschäftsmann ausmacht: unbedingter Glaube an das eigene Produkt!

## Tolle Technik – aber warum das Ganze?

Auf dem Almetric Index – einem Portal, das die mediale Aufmerksamkeit misst, die eine Forschung bekommt – landete unsere Spülschwamm-Untersuchung auf Platz 52 der meistbeachteten Studien des Jahres 2017, noch vor Arbeiten zu Dinosauriern, neuen Krebstherapien oder der Tatsache, dass Einkaufen glücklich macht. 179 Nachrichtenportale haben bislang über die Studie berichtet.

In Anlehnung an die Filmwelt könnte man sagen, dass wir eine Low-Budget-Produktion waren, die unerwartet einen Blockbuster produziert hat. Die Kosten der Studie beliefen sich auf etwa 5000 Euro. Das ist im heutigen Wissenschaftsbetrieb eher ein Klacks. Allerdings hat es uns nicht vor erbosten Reaktionen per Mail bewahrt, die uns Verschwendung von Steuergeldern vorwarfen.

Mir hat diese Studie gezeigt, dass es auch für einen Wissenschaftler ratsam ist, gelegentlich seinem Bauchgefühl zu vertrauen. Denn unsere Erfahrungen im Vorfeld der Untersuchung waren nicht unbedingt ermutigend. Auf der Jahrestagung der Deutschen Gesellschaft für Hygiene und Mikrobiologie (DGHM) im Herbst 2016 in Ulm haben wir die Arbeit als Poster präsentiert, und es hat sich keiner dafür interessiert. Die Reaktionen waren: Tolle Techniken, aber warum ausgerechnet mit Küchenschwämmen?

**Die zehn besten, aber vermutlich trotzdem relativ nutzlosen Methoden, einen gebrauchten Küchenschwamm von Keimen zu befreien**

1. Waschmaschine (60 °C mit einem Pulver-Vollwaschmittel)
2. Dampfkochtopf (entspricht einem Autoklaven)
3. Spülmaschine (Intensivprogramm)
4. Mikrowelle (feuchter Schwamm mit etwas Spüli)
5. Einlegen in (Chlor)-Bleiche
6. Auskochen im Kochtopf
7. Einlegen in Essig oder andere Säure
8. Ausspülen mit warmem Spüliwasser und gut trocknen
9. Einfrieren
10. Einlegen in probiotische Reinigungslösung aus Milchsäurebakterien

## EINWURF: Der Mettigel – das gefährlichste Tier der Welt?

Zur Welt gekommen ist er wohl in den Partykellern der jungen Bundesrepublik in den 1950er-Jahren. Von der embryonalen Phase bis zur Geburt dieses Schnellentwicklers vergehen nur etwa 20 Minuten. Das fertige Tier sieht süß aus, entpuppt sich beim Hineinbeißen allerdings als deftige Kost.

Eine Bedrohung sind weder die Stacheln des Mettigels, die wahlweise aus frischen Zwiebeln oder Salzstangen bestehen, noch seine aus Hack geformte Schnauze. Was diesen friedvollen Gesellen so gefährlich macht, sind gerade seine scheinbare Harmlosigkeit und seine appetitliche Erscheinung.

Denn wer den Mettigel in seinen Magen lässt, spielt Lotterie mit der eigenen Gesundheit. Der fleischige Snack ist geradezu ein Sinnbild dafür, wie gedankenlos wir teils mit Lebensmitteln umgehen.

## Die Geißeln des Hackepeters: Hepatitis E und Salmonellen

Im Februar 2016 meldete das Bundesinstitut für Risikobewertung (BfR), »dass zwischen 40 Prozent und 50 Prozent der Hausschweine in deutschen Beständen und zwischen 2 Prozent und 68 Prozent der erlegten deutschen Wildschweine mit dem Hepatitis E-Virus (HEV) entweder infiziert waren oder noch Träger des Virus sind«.
Verzwickt ist, dass die Tiere keinerlei Symptome zeigen. Für Menschen besteht jedoch nach einer Infektion mit dem HEV das Risiko einer Leberentzündung.
Der Hackepeter stellt überdies eine bedeutende Infektionsquelle für Salmonellen dar. Zehntausend bis eine Million dieser Keime sind nötig, um uns krank zu machen. Was sich nach viel anhört, wird durch die Teilungsfreudigkeit der kleinen Biester flugs erreicht. Kleinkinder, ältere und immungeschwächte Menschen und Schwangere sind besonders gefährdet. Eine Infektion kündigt sich durch Bauchschmerzen, Fieber, Durchfall, Übelkeit und Erbrechen an. Doch warum ist ausgerechnet rohes Rinder- und Schweinehack eine solche Brutstätte gefährlicher Keime? Das hat nichts mit einer Vorliebe der Mikroorganismen für diese Sorte Fleisch zu tun.

## Unser täglich Fleisch – ein verwesendes Lebensmittel

Hackfleisch ist zerkleinertes Muskelfleisch. Als reines Protein mit leicht verwertbarem Eisen ist das ein Festmahl für Menschen wie Mikroben. Durch die Zerkleinerung wird die Oberfläche des Fleisches stark vergrößert – und für die Bakterien gleichsam schön vorgekaut. Werden dann Kühltemperaturen von zwei bis vier Grad nicht konsequent eingehalten, können sich pathogene Keime dramatisch vermehren.

Man darf nicht vergessen: Schon beim Kauf handelt es sich bei Fleisch um ein im Prinzip verwesendes Lebensmittel. Beim Schlachten und anschließenden Prozessieren des Fleisches gelangen Millionen von Keimen auf das im natürlichen Zustand sterile Muskelgewebe. Bei nicht ausreichender Kühlung verdoppeln sich dann Bakterien wie Salmonellen etwa alle 20 Minuten. Aus einer einzelnen, einsamen Hack-Salmonelle werden innerhalb von nur sechs Stunden bereits 262 144 Artgenossen. Ein Keim bleibt eben selten allein!

Diese Gefahr wird auch durch Methoden wie kurzes Anbraten oder stärkeres Salzen nicht gebannt. Einzig das konsequente Durchbraten des Hackfleischs auf 70 Grad Kerntemperatur für mindestens zwei Minuten hilft – auch wenn das de facto den Tod des Mettigels bedeutet.

### Keime im Fleisch: Einfach unvermeidbar

Generell enthält rohes Fleisch immer Keime: Doch so ganz unerheblich ist es offenbar nicht, ob die Ware im Supermarkt oder beim Metzger gekauft wird. Meist macht die Ware beim Fleischer einen frischeren Eindruck. Allerdings wird das Fleisch dort, nachdem es durch den Wolf gedreht wurde, in die Auslage gelegt und nicht gekühlt. Experten sprechen von »tagesfrischem Hack« und empfehlen sogar, diese heikle Ware in der Kühltasche zu transportieren.

Im Supermarkt wird Hackfleisch in der Regel gekühlt. Außerdem ist das rohe Mett in der Verpackung häufig in eine Schutzatmosphäre aus viel Kohlendioxid oder Stickstoff eingebettet, die das Keimwachstum verlangsamt. Bei einer Untersuchung fand die Stiftung Warentest im Jahr 2015 allerdings in 11 von 21 Produkten bedenkliche Erreger.

Bio-Produkte waren in dieser Testreihe allesamt unbelasteter als die konventionellen Angebote. Bedeutet das, dass Biofleisch automatisch die Nase vorn hat? Nicht unbedingt. Denn die Ökohaxen und das Ökohackfleisch werden mitunter in denselben Schlachtbetrieben verarbeitet wie Fleisch aus konventioneller Produktion. Daher besteht immer die Gefahr, dass Keime übertragen werden.

Es wäre sinnvoll, den Mettigel durch einen ebenso putzigen, aber hygienisch weit weniger bedenklichen Zeitgenossen zu ersetzen: den Käseigel.

# Küchenhygiene – wo die wilden Keime wohnen

Im Mai 2018 meldete ein australisches Männermagazin: »Warum sie es dir danken wird, wenn ihr Sex auf der Küchenbank habt.« In dem Text ging es darum, wie eingefahrene Rituale in einer Partnerschaft die Leidenschaft erkalten lassen. Mich hat natürlich wieder mal keiner gefragt. Denn aus Sicht des Mikrobiologen ist die Küche als Ort der sexuellen Zusammenkunft nur bedingt zu empfehlen. Nirgendwo sonst lauern in der Wohnung derart viele – auch schädliche – Keime wie hier.

Könnte man Mikroben mit bloßem Auge erkennen, würden wir vermutlich schreiend aus der Küche rennen und auf dem Klo wohnen wollen.

Unter Experten gilt die Küche als der Hygiene-sensibelste Raum im ganzen Haus. In vielen Haushalten ist dieser Ort das Zentrum des familiären Zusammenlebens. Gleichzeitig greifen uns die Mikroorganismen aus den Niederungen der Pathogenität hier tatsächlich zu Lande, zu Wasser und in der Luft an.

Es kann also gefährlich sein, am Abend nackt auf der Anrichte herumzurutschen, wenn dort tagsüber beispielsweise Hühnerfleisch oder Räucherlachs zubereitet wurde; vor allem, wenn die Putzutensilien danach nur halbherzig zum Einsatz gekommen sind. Pathogene Keime können auf so einer Oberfläche für etliche Stunden überleben.

## Lebensmittelvergiftung – die unterschätzte Gefahr

Wie wir bereits gehört haben, besiedeln Billionen von Mikroben unseren Körper in überwiegend friedlicher Absicht. Eine Infektion bedeutet hingegen, dass ein Mikroorganismus in unseren Organismus eindringt und dieser mit Abwehr reagiert. Manchmal merken wir eine solche Infektion kaum, mitunter reagiert unser Körper aber auch mit Erbrechen, Durchfall und Fieber.

Weil diese Symptome in der Regel nach wenigen Tagen wieder verschwinden und allgemein als hinnehmbar gelten, gehen viele nicht zum Arzt. Das ist der Grund dafür, warum etliche Infektionen mit Küchenkeimen unentdeckt bleiben.

Kinder, Schwangere, Ältere, aber auch eigentlich Normalgesunde, deren Immunsystem aus irgendeinem Grund vorübergehend geschwächt ist, kann es bei einer solchen Infektion durchaus härter treffen. Auch ein tödlicher Krankheitsverlauf ist nicht ausgeschlossen.

Hauptgefahrenquelle sind die Nahrungsmittel tierischen und pflanzlichen Ursprungs, mit denen wir in der Küche hantieren. Nach Auskunft der Bundesanstalt für Risikobewertung (BfR) werden in Deutschland jedes Jahr etwa 100 000 Krankheitsfälle gemeldet, bei denen Lebensmittel eine wahrscheinliche Ursache sind. Und die Dunkelziffer liegt vermutlich um das Zehnfache höher.

Für eine Infektion mit Salmonellen braucht es eine Dosis um die 10 000 bis 1 Million Bakterien. Gemein daran ist: Mikroben können sich sehr schnell vermehren. Eine einzelne Salmonelle in einem Spiegelei um acht Uhr morgens bräuchte nur etwa bis zur Mittagszeit, um das oben genannte kritische Quantum zu erreichen.

## Ob »Bio« oder nicht – dem Keim ist's egal

Ein möglicher Weg, mit gefährlichen Keimen in Berührung zu kommen, ist die sogenannte fäkal-orale Infektionsroute. Das bedeutet, dass auf den Nahrungsmitteln, so wie wir sie beispielsweise aus dem Supermarkt mit nach Hause bringen, winzige Fäkalreste vorhanden sind. Man kann gar nicht oft genug darauf hinweisen, dass eine Kontamination mit gefährlichen Keimen auch bei Waren aus dem Bioladen nicht auszuschließen ist. Sie kann zum Beispiel dadurch zustande kommen, dass Pflanzen unwissentlich mit Wasser gegossen wurden, das mit Fäkalkeimen verschmutzt war. Fleisch wird häufig beim Schlachten kontaminiert.

Wenn wir dann einen noch ungewaschenen Salat zerrupfen, können dabei Kolibakterien auch an unsere Hände geraten. Das ist dann bereits eine verhältnismäßig kritische Situation, denn nun könnte bereits ein unbedachter Wischer des Handrückens über den Mund genügen, damit der ungebetene Fäkalkeim in unseren Organismus eindringen kann.

Recht häufig kommt es auch zu sogenannten Kreuzkontaminationen. In diesem Fall wird ein eigentlich sauberes Lebensmittel durch unsachgemäßen Einsatz von Küchenutensilien mit schädlichen Keimen beschmutzt.

Niemals sollte man etwa Kartoffeln und Möhren mit jenem Messer hacken, mit dem man zuvor ein rohes Hühnchen zerlegt hat – zumindest nicht, wenn dieses Messer zuvor nicht gründlich gereinigt wurde. Wer nun denkt, dass doch bitte schön niemand so nachlässig sein kann, befindet sich auf dem Holzweg. Sogar unsere Vorbilder aus dem Fernsehen gehen mit schlechtem Beispiel voran.

## Die Hygiene-Sünden der Fernsehköche

Die Bundesanstalt für Risikobewertung machte sich den Spaß und untersuchte in einem Forschungsprojekt 100 Kochsendungen hinsichtlich deren Hygienestandards. Das Ergebnis war vernichtend. Alle 50 Sekunden, so das Ergebnis der BfR-Untersuchung, kommt es in den Fernsehshows zu einem Reinlichkeitsfehler. Zu den häufigsten Hygienemängeln gehörten beispielsweise, dass die schmutzigen Hände am Geschirrtuch abgewischt werden oder das Schneidebrett ohne Zwischenreinigung weiterverwendet wird.

Die Tatsache, dass den Betroffenen nach solchen Fehltritten womöglich ein Magen-Darm-Infekt droht, verschleiern wir Wissenschaftler durch einen im Grunde kuriosen Sprachgebrauch. Denn aus medizinischer Sicht werden wir nicht das »Opfer« des Keims – wir sind vielmehr dessen »Wirt«. Wie schön, dass der Volksmund auch für diese wenig heiter stimmende Beziehung einen passenden Spruch kennt: »Wer nichts wird, wird Wirt. Und wer gar nichts wird, wird Gast – und fällt dem Wirt zur Last.«

## Die Mahlzeit in der Mahlzeit: Milliarden Keime auf unserem Essen

Der amerikanische Mikrobiologe Jonathan Eisen hat zum Thema Essen und Keime im Dezember 2014 einen sehr erhellenden

Aufsatz veröffentlicht. Besonders der Anfangssatz hat es mir angetan: »Den Mikroben in unserem Stuhl wird weit mehr Aufmerksamkeit zuteil als den Mikroben in unserem Essen.« Eine Wahrheit, nüchtern und drastisch.

Eisen wies nach, dass wir mit einer Ernährung, wie sie dem Durchschnitt der Bevölkerung entspricht, täglich Millionen bis Milliarden Keime konsumieren. Wer beispielsweise den Ernährungsempfehlungen des US-Landwirtschaftsministeriums folgen möchte, sollte sehr viel Frisch- und Rohkost, Milch- und Vollkornprodukte sowie mageres Fleisch zu sich nehmen. Diese Nahrung ist allerdings auch reich an Bakterien und Pilzen. Das Gleiche gilt übrigens für die beliebten vorgeschnittenen Rohkostsalate.

Heißt das, wir sollten einen großen Bogen um derlei Nahrungsmittel machen? Natürlich nicht! Nur ist die Bedeutung der blinden Passagiere auf der Nahrung für unsere Gesundheit derzeit noch völlig unklar. Aber selbst wenn wir wollten: Eine keimfreie Ernährung ist schlicht ein Ding der Unmöglichkeit. Sie wäre wahrscheinlich auch noch nicht mal wünschenswert. Denn vermutlich profitiert unser Darmmikrobiom von vielen der Mikroben, die wir mit dem Essen zu uns nehmen.

Jene Dreckskerle, von denen wir überhaupt nicht profitieren, haben wir schon etwas näher kennengelernt. Die schlechte Nachricht lautet: Salmonellen, *Campylobacter*, Listerien und *Escherichia coli* lungern überall dort rum, wo wir Hühnchen und Lachs, rohes Hackfleisch, Rohmilchkäse und Rohkostsalat zubereiten. Die gute Nachricht ist: Wir können dieses Pack in den Griff bekommen, und dazu brauchen wir noch nicht mal Desinfektionsmittel oder extra antimikrobiell verstärktes Spülmittel.

Normale Seife und bewährtes Spüli reichen völlig aus. Sie wirken nämlich antimikrobiell, indem sie die Keime vom Geschirr ablösen und deren aus Fetten bestehende Zellmembranen zerstören.

Ist Essen mikrobiologisch sicher, wenn es nicht länger als fünf Sekunden auf dem Boden lag? Das behauptet zumindest der Volksmund. Die Antwort ist ein Jein – mit starker Tendenz zu Nein. Denn ein Transfer von Mikroben findet sofort statt. Mit der Liegezeit nimmt die Kontamination allerdings zu. Laut einer Studie von amerikanischen Kollegen blieben die meisten Keime an Wassermelonen hängen, die wenigsten an Gummibärchen.

## Der Keim, der aus der Kälte kam – Mikroben im Kühlschrank

Einer der größten Hygiene-Irrtümer im Haushalt ist die Annahme, im Kühlschrank würden alle Bakterien gekillt. Bei einer empfohlenen Betriebstemperatur von vier bis sieben Grad verlangsamt sich das Wachstum der meisten Keime nur. Listerien macht die Kälte indes überhaupt nichts aus. Auf vorgeschnittenem Salat wachsen und gedeihen die Schädlinge munter weiter.

Speisereste im Kühlschrank sind ein Eldorado für alle Arten von Mikroben. Auch Kondenswasser begünstigt die Vermehrung von Mikroorganismen ungemein. Tür auf, Butter rein, Tür zu. Tür auf, Käse rein, Tür zu. Dieser Vorgang kann sich nach dem Frühstück ein Dutzend Mal und häufiger wiederholen. Kalte Luft trifft auf warme Luft, kein Wunder, wenn sich im Kühlschrank feuchte Schlieren bilden, die aus dem Blickwinkel einer Mikrobe groß sind wie Ozeane.

Nennen Sie es manisch, aber wir sind zu Hause dazu übergegangen, nach dem Essen erst restlos alle Lebensmittel unmittelbar vor dem Kühlschrank zu sammeln, die wieder gekühlt werden müssen. Die Tür des Kühlschranks geht bei uns also genau einmal auf und zu.

Der größte Keim-Hotspot im Kühlschrank sind übrigens die Gummidichtungen an der Tür. Regelmäßiges Säubern mit einem simplen Allzweckreiniger entschärft jedoch die Keimbelastung im gesamten Kühlschrank erheblich. Es braucht keine antimikrobielle Wunderwaffe.

Und noch ein Tipp: Je wärmer es ist, desto wohler fühlen sich Bakterien & Co. Also Obacht: Ein übervoller Kühlschrank geht zu Lasten der Kühlleistung – und des eigenen Körpergewichts.

## Vom schwierigen Umgang mit Schneidebrettern

Es tobt eine Kontroverse in Deutschland, und das schon seit vielen Jahren: Sind Schneidebrettchen aus Holz oder aus Kunststoff die bessere Wahl?

Ich weiß, dieser Streit wird noch viele Jahrzehnte weitergehen – selbst wenn ich hier im Brustton der Überzeugung verkünde: Aus der Sicht des Hygienikers ist die Beschaffenheit des Brettchens völlig wurscht.

Beide haben ihre Vor- und Nachteile. Das Holzbrett sollte nicht in der Spülmaschine gewaschen werden, weil dann das Holz recht schnell mürbe wird. Vorteil Kunststoffbrett.

Dafür befinden sich im Holz mitunter natürliche antimikrobielle Substanzen, die das Keimwachstum einschränken können. Vorteil Holzbrett.

Kratzer und Dellen sind bei beiden Brettarten unvermeidbar – selbst bei kunstvollem Messergebrauch. Für Mikroben sind diese Vertiefungen regelrechte Krater, in denen sie sich gerne niederlassen; für Nachschub an Nahrung ist schließlich gesorgt. Doch anders als bei Kunststoff können diese Macken in der Holzvariante durch das Abwaschen wieder zuquellen. Vorteil Holzbrett.

Ich bin sicher, es ließen sich noch diverse Gründe für oder gegen beide Varianten finden. Als Mikrobiologe kann ich da keine klare Empfehlung geben. Allerdings ist in jedem Fall geboten, getrennte Brettchen für die Zubereitung von Fleisch und pflanzlicher Kost zu benutzen. Besonders wichtig: Nach jedem Gebrauch sollten die Brettchen zumindest mit heißem Wasser und Spülmittel gründlich gereinigt werden.

## Latte *Staphylococcus* – wie Keime in unseren Kaffee kommen

Nein: »Coffee to go« bedeutet nicht, dass es in unserem Lieblingsgetränk derart von Mikroben wimmeln sollte, dass der Kaffee von alleine gehen kann.

Eine Untersuchung meines Kollegen Dirk Bockmühl im Jahr 2017 hat allerdings nachgewiesen, dass sich in beinahe der Hälfte der von ihm untersuchten gewerblichen und in rund einem Viertel der privaten Kaffeeautomaten eine beunruhigende Vielfalt von Bakterien breitgemacht hat. Besonders verbreitet sind die Gattungen *Bacillus*, *Pseudomonas* und *Staphylococcus*. Auf die Rechnung des Letzteren gehen beispielsweise Lungenentzündungen und Blutvergiftungen. Auch Infektionen mit *Pseudomas aeruginosa* sind gefürchtet und können sogar zu Schäden an den Herzklappen führen. Angesichts insgesamt geringer Keimzahlen gilt allerdings auch hier, dass gesunde Menschen in der Regel nichts zu befürchten haben.

Wer kein Risiko eingehen möchte, sollte Wasser- und Abfallbehälter regelmäßig reinigen – insbesondere jene Schläuche, durch welche die Milch für den Latte macchiato fließt. Eine Temperaturerhöhung auf knapp 70 Grad Celsius während des Kochvorgangs ist grundsätzlich hilfreich.

## Das schwarze Geheimnis der Spülmaschine

Es ist ganz gut, sich hin und wieder daran zu erinnern, wofür eine Spülmaschine konstruiert wurde: nämlich für das Reinigen von Geschirr. Das Entfernen von Keimen und die Desinfektion von Tellern und Tassen gehörten eigentlich nicht zu ihrem Programm.

Der Einsatz heftiger Chemie macht zwar etlichen Übelkeimen den Garaus. Dennoch finden Mikrobiologen in den Maschinen immer häufiger einen exotischen Pilz: *Exophiala dermatitidis*, besser bekannt als Schwarze Hefe. Dieser Erreger ist als Auslöser von Hautkrankheiten aufgefallen, der auch das Nervensystem des Menschen attackieren kann.

Besonders beunruhigend: *Exophiala dermatitidis* richtet nach Auskunft von Medizinern zunehmend auch bei Menschen mit einem gesunden Immunsystem Schaden an.

Der Hefepilz ist extrem widerstandsfähig und überlebt zumeist sogar das Laugenbad beim Spülgang. Begünstigt wird seine Existenz in der Spülmaschine dadurch, dass viele Nutzer ihre Maschine im Öko-Modus bei 20 bis 40 Grad (statt der möglichen 70 bis 75 Grad) laufen lassen.

Die meisten Keime und Pilze hausen auf den Gummidichtungen der Spülmaschine. In einer aktuellen Studie fanden Wissenschaftler aus Tschechien und Dänemark auf den Dichtungen von 24 Spülmaschinen 150 verschiedene Arten von Bakterien und 104 Arten von Pilzen – darunter auch etliche Schädlinge. Pilze und Bakterien unterhalten zueinander übrigens außerordentlich freundschaftliche Beziehungen. Sie wachsen deutlich besser zusammen als alleine.

Ich erwähnte bereits den in deutschen Küchen herrschenden Streit über die Frage: Holz- oder Kunststoffbrettchen? In manchen Haushalten stehen sich die Befürworter von Spülmaschine und Handspülung ähnlich unversöhnlich gegenüber.

Für den Düsseldorfer Waschmittelkonzern Henkel hat sich der 1988 verstorbene Chemiker Herbert Sinner schon vor etlichen Jahrzehnten mit solchen Fragen beschäftigt.

Sinner entwickelte eine bis heute gültige Zauberformel der Sauberkeit, den »Sinner'schen Kreis«. Demnach ergibt sich die Effektivität eines Reinigungsprozesses aus der Kombination von Mechanik, Temperatur, Chemie und Zeit. Wird einer der Faktoren reduziert, muss er durch die anderen kompensiert werden.

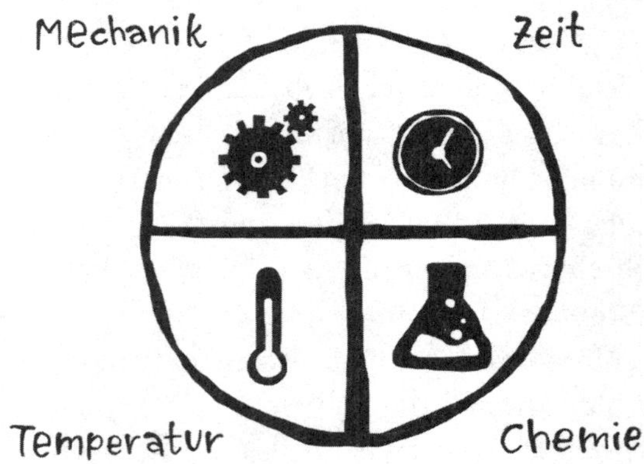


*Der Sinner'sche Kreis – der Erfolg eines Reinigungsprozesses wird bestimmt durch vier Faktoren. Wird einer von ihnen verringert, muss er duch die anderen ausgeglichen werden, um den Erfolg zu halten. Wird kürzer gereinigt, muss zum Beispiel die Mechanik verstärkt, die Temperatur erhöht oder mehr Chemie verwendet werden.*

Gegenüber dem händischen Abwaschen verfügt die Spülmaschine offensichtlich über drei Trümpfe: Zeit, Temperatur und Chemie. Denn weder halten wir unsere Hände in allzu heißes oder alkalisches Wasser, noch opfern wir zwei Stunden unserer kostbaren Zeit fürs Spülen.

Allerdings gibt es bei der Handwäsche einen erheblichen Kompensationsfaktor: die Mechanik. Denn wir können viel gezielter und beherzter an Tellern und Pfannen herumschrubben, als die Maschine je dazu in der Lage wäre.

Die Meinung des Mikrobiologen: Beide Methoden sind vollkommen in Ordnung. Je größer der Haushalt ist, umso angenehmer lebt es sich natürlich mit einer Maschine. Eine 2015 veröffentlichte schwedische Studie konnte sogar zeigen, dass Kinder in Haushalten, in denen das Geschirr noch ausschließlich manuell gespült wird, weniger unter Allergien leiden. Vielleicht eine Folge der wenigen Keime, die noch auf den Tellern hängen bleiben?

## Trinkwasser – ein beinahe keimfreies Qualitätsprodukt

Knapp eine Milliarde Menschen hat keinen regelmäßigen Zugang zu sauberem Trinkwasser. Etwa 3,5 Millionen Menschen sterben jedes Jahr an den Folgen einer schlechten Wasserversorgung. Diese Zahlen zeigen, dass die Versorgung mit sauberem Trinkwasser ein Privileg darstellt. In Deutschland genießen wir dieses Privileg, das uns vor vielen Infektionskrankheiten schützt. Leitungswasser ist das am besten kontrollierte Lebensmittel in unserem Land.

Nach Einschätzung von Stiftung Warentest enthält unser Trinkwasser sogar mehr Mineralien als das viel gepriesene (und deutliche teurere) Mineralwasser. Sogar die Keimbelastung ist in den abgefüllten Flaschen höher. Steril ist allerdings auch unser Trinkwasser nicht. Es darf bis zu 100 Keime pro Milliliter enthalten, ausgenommen davon sind allerdings pathogene Keime.

In der Regel liefern die Wasserwerke an die Haushalte ein Produkt, das nicht nur hohen Qualitätsansprüchen genügt, sondern auch vergleichsweise billig ist. Was letztlich aus unserem Hahn kommt, ist aber noch mal eine andere Geschichte. Denn dabei spielt auch der Zustand der Wasserleitungen eine Rolle.

In den Rohren hausen Bakterien in einer unvorstellbaren Vielzahl. Verschiedenste Arten von Keimen gehen im feuchten Untergrund eine Biofilm-Lebensgemeinschaft ein, der nur schwer beizukommen ist.

## Abgetaucht – Bakterien im Untergrund

Gott sei Dank besitzen wir nicht die Fähigkeit, Bakterien mit bloßem Auge erkennen zu können. Denn sonst würden wir womöglich die Spüle mit dem Klo verwechseln.

Rund 100 000 Keime tummeln sich pro Quadratzentimeter an dieser prominenten Stelle in der Wohnung. Damit liegt die Spüle auf Platz zwei der Hitparade keimbelasteter Orte in einem Haushalt – gleich hinter dem Küchenschwamm.

Der simple Grund dafür: Alles, was an Unrat in der Küche anfällt, gelangt früher oder später auch in die Spüle. Sie wird aber weit seltener intensiv und mit weniger aggressiver Chemie gereinigt als das Klo.

Die Illusion, dass unerwünschte Mikroorganismen auf Nimmerwiedersehen den Ausguss runtergespült werden, mag zu einer gewissen Sorglosigkeit beitragen. Etliche Keime gehen tatsächlich in den Untergrund: Sie sammeln sich in einem dicken Biofilm, direkt unter dem Abfluss. Bleiben sie auch dort? Nicht unbedingt.

Studien haben gezeigt, dass diese Biofilme langsam, aber stetig vom Siphon hinauf bis unter das Sieb wachsen. Von dort werden sie dann als Tröpfchen hinaufgeschleudert, wenn der Wasserhahn läuft. Willkommen zurück, liebe Freunde!

**Die zehn Gebote der Küchenhygiene**

1. Beim Hantieren mit Rohkost Kreuzkontaminationen vermeiden
2. Hände vor und nach dem Kochen waschen
3. Alle Koch- und Reinigungsutensilien gut reinigen und regelmäßig ersetzen
4. Kühlketten einhalten
5. Fleisch mindestens zwei Minuten auf 70 °C erhitzen
6. Spülmaschine regelmäßig reinigen (Dichtungen!), ab und zu bei hoher Temperatur betreiben, saubere Maschine offen stehen lassen, Nebel beim Öffnen nicht einatmen
7. Kühlschrank regelmäßig reinigen (Dichtungen!) und nicht überfüllen, Kondenswasser vermeiden
8. Besondere antimikrobielle Reiniger sind nicht nötig
9. Spüle regelmäßig säubern, inklusive der Abflussgitter
10. YOPIs (Young, Old, Pregnant, Immunocompromised) müssen stärker aufpassen

## Die verbotene Zone – warum die Toilette für Keime nicht attraktiv ist

Eine Toilette ist letztlich auch nur eine Sitzgelegenheit. Zwar eine, die verhältnismäßig wenig Komfort verspricht, auf der es sich aber dennoch viele Menschen gern bequem machen.

Den Ergebnissen einer englischen Studie zufolge verbringen die Briten insgesamt etwa drei Stunden pro Woche auf dem stillen Örtchen. Für die Erhaltung der Fitness wendeten die Befragten im gleichen Zeitraum nur etwa 90 Minuten auf. Ich nehme stark an, dass es sich in den übrigen Ländern der westlichen Welt ähnlich verhält.

Drei Stunden auf dem Klo ist schon bemerkenswert. Das stille Örtchen muss also über eine besondere Anziehungskraft verfügen.

»Wenn Männer ihre Ruhe wollen, gehen sie aufs Klo. Frauen gehen in die Badewanne. Warum eigentlich nie andersrum?«, fragte im Juli 2017 Tanja Rest, Redakteurin der *Süddeutschen Zeitung*, in einem lesenswerten Artikel.

Sie beschrieb dort auch treffend, was das Klo so attraktiv macht: »Rückzug innerhalb der Familie heißt ja nicht nur, die geliebten kleinen Pestbazillen auszusperren, sondern auch, den geliebten großen Bazillus namens Partner eine Zeit lang nicht sehen zu müssen.« Eine sehr interessante Sicht auf unser Thema …

## Kampf auf dem Klo – Chemische Keule gegen Keime

Der Bazillenbekämpfung auf der Toilette widmen sich die meisten von uns jedenfalls mit Inbrunst. An keinem anderen Ort in der Wohnung kommt derart viel Chemie zum Einsatz. Der typische Giftcocktail in einem WC-Reiniger erinnert an einen Biokampfstoff: Basis des Putzmittels sind zum Beispiel Ameisen- oder Salzsäure, mit denen Kalk und Urinstein entfernt und Mikroben abgetötet werden sollen.

Damit der Reiniger lange auf den Oberflächen in der Toilette haften bleibt und Verschmutzungen kräftig schäumend ablöst, werden Verdickungsmittel und Tenside beigefügt. Farbstoffe sollen dem Nutzer einen optischen Eindruck von der Reinigungs- und Haftkraft des Produkts geben. Geruchsstoffe halten den Gestank dieser gewaltigen chemischen Keule in Schach und überdecken den typischen Toilettengeruch.

Diese Anti-Keim-Offensive zeigt Wirkung. Man glaubt es kaum, doch an keinem Ort der Wohnung tummeln sich so wenige Mikroorganismen wie auf dem Klo. Im Vergleich zu den kritischen Stellen in der Küche ist die Klobrille etwa so putzblank wie ein Silbertablett.

Lediglich rund hundert Keime pro Quadratzentimeter fanden Forscher in einer Studie auf den Toilettensitzen ausgewählter Haushalte in den Vereinigten Staaten; aus Sicht des Mikrobiologen ist das ein geradezu lächerlich geringer Wert. Zum Vergleich: Auf der menschlichen Haut, etwa unter den Achseln, siedeln pro Quadratzentimeter rund eine Million Bakterien.

Und doch: Allein der Gedanke, einen fremden Toilettensitz benutzen zu müssen, löst bei manchen Leuten Ekel aus. Der Toilettenekel ist uns geradezu angeboren und macht vom evolutionären Standpunkt aus durchaus Sinn: Er schützt uns vor potenziellen Infektionen. Studien haben gezeigt, dass Frauen als Trägerinnen neuen und unbedingt schützenswerten Lebens sich meist noch mehr vor einem fremden WC ekeln als Männer.

Was ist das eigentlich für eine Substanz, die uns so aus der Fassung bringt? Immerhin handelt es sich zu 100 Prozent um ein Bioprodukt.

Die durchschnittliche Stuhlmenge beträgt pro Klogang etwa 100 Gramm. Der Keimgehalt darin ist enorm. Pro Gramm sind zehn bis 100 Milliarden Mikroorganismen enthalten. Gerade in Anbetracht dieser hohen Keimzahlen geht vom Stuhl definitiv eine Gesundheitsgefahr aus.

Hygieniker fürchten insbesondere die fäkal-orale Infektionsroute, bei der etwa das Trinkwasser kontaminiert wird – häufig mit unmittelbar katastrophalen Folgen für die Bevölkerung. Wie sehr wir von sauberem Trinkwasser abhängen, können wir in jenen Ländern beobachten, in denen die Infrastruktur bedingt durch Erdbeben oder Kriege kollabiert. In der Regel dauert es nur ein bis zwei Wochen, bis dort die Cholera ausbricht. Diese Mutter aller Durchfälle trocknet ihre Opfer aus. Der Erkrankte verliert bis zu 20 Liter Wasser am Tag. In der Regel reicht eine Flüssigkeits- und Elektrolytzufuhr über einen Tropf aus, um den Patienten wieder auf die Beine zu bringen. Fehlt es an der nötigen Therapie, kann ein Betroffener innerhalb von Stunden oder wenigen Tagen an Kreislaufversagen sterben. Auch viele andere Magen-Darm-Erreger werden durch Stuhl übertragen, etwa Colibakterien oder Noroviren.

Wie man also sieht, hat unser Ekel vor Kot eine sehr reale Grundlage, und ein vorsichtiger Umgang mit diesem Naturprodukt ist absolut geboten.

## Die Wissenschaft hinter dem üblen Geruch

Schon der höchst unerquickliche Geruch des Stuhls wird von unserem Gehirn wie ein Warnsignal aufgefasst. Doch warum stinkt Kot eigentlich?

Der üble Gestank unserer Ausscheidungen erinnert an die aus menschlicher Sicht lebensfeindlichen Bedingungen in unserem Dickdarm. Denn dort herrschen Zustände, wie sie in ähnlicher Weise einst der Urkeim LUCA vor fast vier Milliarden Jahren auf der Erde vorgefunden hat.

In diesem Teil des Verdauungstraktes ist kein freier Sauerstoff vorhanden. Diesen Zustand nennen Mikrobiologen »anaerob«. Die dort ablaufenden Stoffwechselprozesse sind Gärungen und anaerobe Atmungen. Werden dabei beispielsweise Proteine abgebaut, entstehen stark riechende chemische Abbauprodukte wie Schwefelwasserstoff, Indol und Skatol. Je mehr Protein wir beispielsweise über Fleisch mit unserer Nahrung zu uns nehmen, desto stärker stinken unsere Ausscheidungen.

Den Einfluss von Fleischprodukten auf die olfaktorische Wirkung des Kots kann man sehr gut bei Babys studieren. Sobald deren Nahrung nach dem Abstillen auf feste Kost und vor allem Fleisch umgestellt wird, ändern sich die Geruchsverhältnisse in der Windel dramatisch.

## Auf fremder Toilette …

Ich werde häufig gefragt, wie man sich am besten verhält, wenn das Unvermeidliche droht, der Gang auf eine fremde Toilette. Mein erster Rat: bloß keine Panik! Kein Scherz. Bei Empfindsamen macht der Darm in solchen Situationen dicht. Dann hat man sich höchstwahrscheinlich zwar nicht mit einem ekligen Klokeim infiziert, aber den Magen verrenkt oder die Hämorrhoiden gestresst.

Moderne öffentliche Toiletten sind mittlerweile fast berührungsfrei zu bedienen. Ansonsten empfehle ich an zweifelhaften Örtchen all jenen, die körperlich dazu in der Lage sind, die Skifahrer-Hocke. Wenig sinnvoll ist hingegen, die Klobrille aufwendig mit Toilettenpapier zu umwickeln.

Schon beim Zurechtfalten des Papiers könnte man durch diese Methode die Hände an der Klobrille kontaminieren – und gerade an den Händen will man die Keime nicht haben. Denn dort sind sie nun einmal wegen der Nähe zum Mund weit gefährlicher als am Po oder am Oberschenkel.

Außerdem können gefährliche Keime auf diese Weise nicht wirklich abgehalten werden. Vor allem, wenn das Papier etwa bei längerem Sitzen feucht wird. Dafür suggeriert diese Prozedur womöglich eine trügerische Sicherheit und verleitet vielleicht zur Sorglosigkeit frei nach dem Motto: »Ich habe ja die Toilettenbrille umwickelt, dann muss ich mir nicht die Hände waschen …«

## Das Händewaschen, die vergessene Tugend

Man mag es kaum glauben, aber eine simple Maßnahme wie das Händewaschen kann den Kreislauf der Weitergabe von Magen-Darm-Infekten und Schlimmerem sehr wirkungsvoll durchbrechen. Die inzwischen in Mode gekommene Handdesinfektion ist dafür noch nicht mal erforderlich.

Wenn sich alle die Hände waschen würden, wären auch die Türgriffe und Wasserhähne nicht kontaminiert. Doch genau daran hapert es. Heidelberger Wissenschaftler haben 2017 in einer Studie herausgefunden, dass etwa elf Prozent der Männer und drei Prozent der Frauen nach dem Toilettengang gänzlich aufs Händewaschen verzichten.

Noch beunruhigender: Der Erhebung zufolge benutzten 18 Prozent der Frauen und 49 Prozent der Männer beim Waschen keine Seife. Dabei ist das gründliche Reinigen der Hände besonders wichtig. So sollten auch die Räume zwischen den Fingern beim Waschen nicht vergessen werden. Dieser Vorgang darf ruhig 20 bis 30 Sekunden in Anspruch nehmen.

Alles Waschen und Schrubben war jedoch für die Katz wenn der Vorbenutzer die Türklinke beispielsweise mit Noroviren verunreinigt hat. Man muss sich genau aus diesem Grund auch nicht als Hygiene-Hysteriker fühlen, wenn man den Wasserhahn mit einem Einweghandtuch zudreht und auch den Türgriff beim Rausgehen damit anfasst. Eine im Wortsinn unhandliche Methode ist das Öffnen der Klinke mit dem Ellbogen. Man kann natürlich auch einfach warten, bis jemand anderes die Tür öffnet.

## Warum das WC ein lebensfeindlicher Raum ist

Bei aller berechtigten Furcht vor Kot und Co., die Toilette ist ein Musterbeispiel für funktionelles Design. Etliche Keimsorgen werden uns hier ganz diskret abgenommen. Auf der spiegelglatten Keramikoberfläche der Kloschüssel läuft Wasser schnell ab, sodass sich Kalk, Dreck und Fäkalien kaum festsetzen können. Im Zweifel lassen sich Rückstände rasch mit der Klobürste beseitigen.

Generell ist der Lebensraum WC für Mikroorganismen recht unwirtlich. Für diese relative Keimarmut sorgt nicht nur die chemische Kriegsführung. Die Toilettenbrille beispielsweise ist ein schnell trocknendes, glattes Habitat, auf dem Keime kaum existieren können.

Verglichen mit anderen Räumen ist es auf und in der Toilette zudem relativ kühl. Leitungswasser hat meistens eine Temperatur von um die 15 Grad. Auch Nährstoffe sind ziemlich rar – wer isst schon auf dem Klo? Zwar soll es immer noch Leute geben, die Essensreste in der Toilette hinunterspülen. Doch hinsichtlich der Keimgefahr besteht dabei zunächst wenig Grund zur Sorge. Dafür verschwinden die Lebensmittelreste viel zu schnell im Abflussohr. Allerdings können durch die fragwürdige Entsorgungsmethode Ratten angelockt werden.

Auch im Leitungswasser, mit dem wir in der Regel unsere Fäkalien hinunterspülen, finden Mikroorganismen kaum Nahrhaftes. Die Masse der Fäkalbakterien sind zudem sogenannte obligate Anaerobier; sie gedeihen im Dickdarm, einer sauerstofffreien Zone, geraten sie jedoch an die Luft, sterben sie schnell ab.

Innerhalb weniger Stunden werden Fäkalkeime auf dem Klo durch eine stabile Mikroflora aus Hautbakterien abgelöst, die an die trockene und sauerstoffreiche Toilettenumgebung viel besser angepasst sind. Das haben Molekularbiologen aus den USA kürzlich in einer Studie am Beispiel öffentlicher Toiletten nachgewiesen.

Eine Ausnahme bildet allerdings *Escherichia coli*. Dieser überaus umweltresistente Keim besitzt die bemerkenswerte Fähigkeit, sowohl durch Atmung mit Sauerstoff als auch durch

Gärung ohne Sauerstoff zu überleben. Im Dickdarm spielt *Escherichia coli* nur die untergeordnete Rolle eines Mitläufers. Doch wehe, er verlässt diesen Ort. Gelangt er an die falsche Stelle, kann er Harnwegsinfekte, Lungenentzündungen, Blutvergiftungen oder andere Infektionen auslösen.

Seine Fähigkeit, auch außerhalb des Darms lange überleben zu können, hat ihm übrigens zu besonderen Ehren verholfen: In der Trinkwasseranalytik wird er als Indikatorkeim für fäkale Verunreinigungen benutzt.

## Der Klorand – im toten Winkel der Keimjäger

Es gibt aber auch an einem für Keime so trostlosen Ort wie der Toilette Rückzugsmöglichkeiten, wo die Einzeller Kräfte sammeln können.

Unter dem Rand der Kloschüssel befindet sich eine kritische Zone, deren Reinigung besonderer Sorgfalt bedarf. Weil sich in diesem toten Winkel häufig Kalk und Urinstein sammeln, wird an dieser Stelle die Oberfläche deutlich rauer und damit größer. Dadurch können sich Mikroben hier recht gut festhalten.

Bei Durchfall geraten beispielsweise leicht Kotreste unter den Rand. So entsteht ein potenzieller Nistplatz für Übelkeime wie Salmonellen, die hier bis zu vier Wochen überleben können. Im Internet kursieren verschiedenste obskure Vorschläge für vermeintliche Zaubermittel, mit denen man diese Zone angeblich effektiv bearbeiten kann. Dazu zählen beispielsweise Cola oder ein Brei auf Waschmittelbasis.

Für derlei fragwürdige Lösungen gibt es allenfalls Kreativpunkte. Zum Saubermachen taugen diese zweckentfremdeten Substanzen nicht. Man muss allerdings auch gar nicht nach irgendwelchen Wunderwaffen suchen. Die herkömmlichen Allzweckreiniger erfüllen ihren Zweck vollkommen.

Und es gibt noch eine weitere gute Nachricht: Unter dem Rand hausen hauptsächlich harmlose Wasserbakterien. Krankmachende Fäkalkeime sind dort eher eine Rarität. Moderne Toilettenschüsseln kommen mittlerweile ohne Rand aus. Bei der Auswahl der Sanitär-Ausstattung unseres neuen Hauses bestand meine Frau allerdings auf der »altmodischen« Variante. Da wäre der Dreck wenigstens außer Sicht und besser unter Kontrolle, meinte sie.

## Das Klomikrobiom – so einzigartig wie der Fingerabdruck

In meinem beruflichen Vorleben als Mikrobiologe in den Entwicklungslaboren des Düsseldorfer Konsumgüterkonzerns Henkel habe ich 2010 mit Kollegen erstmals den Biofilm unter dem Toilettenrand mit molekularbiologischen Methoden analysiert. Das Ergebnis war ein genetischer Fingerabdruck jener Bakteriengemeinschaft, die sich an diesem schwer einsehbaren Winkel bildet.

Das Probenmaterial steuerten damals Kollegen und Kolleginnen bei, die dafür ein paar Bröckchen des Urin- und Kalksteingemischs unter den Rändern ihrer heimischen Toiletten hervorkratzten. Die Farben des eingereichten Materials changierten zwischen schwarz, grau, orange und grün.

Neben dem überraschenden Ergebnis, dass fiese Darmkeime hier nicht zu finden waren, förderte die Studie noch eine weitere verblüffende Erkenntnis zutage: Offenbar ist die mikrobielle Flora einer Toilette so individuell wie ihr Nutzer. Darauf weist zumindest die Zusammensetzung des Biofilms unter dem

Klorand hin. Beschaffenheit der Toilette, die Wasserqualität, Putzgewohnheiten und selbstverständlich unser ureigenes humanes Mikrobiom drücken unserem Klo einen unverwechselbaren mikrobiellen Stempel auf.

## Der Hauch der Fäulnis – Klokeime in der Luft

In einem Zeitungsinterview wurde ich mal gefragt, ob es möglich sei, auf der Toilette schwanger zu werden. Die simple Antwort: ja! Allerdings nur, sofern man sich an diesem Ort zum Sex verabredet.

Auch die Ansteckung mit Geschlechtskrankheiten ist äußerst unwahrscheinlich. Der Grund dafür: Erreger von Geschlechtskrankheiten sind in der Regel so empfindlich, dass sie außerhalb des menschlichen Körpers sofort absterben oder inaktiviert werden. Das gilt auch für HIV.

Allerdings lauert auf dem Klo ein scheinbar bizarres Risiko, das völlig unterschätzt wird. So ist es durchaus möglich, durch simples Betätigen der Toilettenspülung etwa einen Norovirus einzuatmen. Studien haben gezeigt, dass beim Spülen Keime über sogenannte Bioaerosole durch den Raum gesprüht werden, insbesondere bei sehr dünnflüssigem Stuhl oder Erbrochenem. Diese Gischt aus der Kloschüssel kann sich über den ganzen Raum verteilen. Forscher fanden bei Tests sogar Fäkalkeime auf den in der Nähe stehenden Zahnbürsten!

Diese Information dürfte vor allem jene Männer interessieren, die sich beim Wasserlassen brav hinsetzen – danach jedoch ihren Urin im Bad verteilen, weil sie den Deckel beim Spülen nicht geschlossen haben.

Unbedingt hinsetzen und Spritzer vermeiden! Das ist keine Frage des Feminismus, sondern der Hygiene.

Das Toilettenpapier sollte mit einem Griff leicht erreichbar sein, damit man sich nicht verrenkt und die Finger sauber bleiben.

Mädchen lernen es heutzutage schon im Kindergarten: Sie putzen sich von vorne nach hinten ab, damit keine Darmkeime in die Harnröhre gelangen.

Bei Betätigung der Klospülung sollte der Deckel unbedingt geschlossen sein. Dadurch wird verhindert, dass sich eine Keimgischt ausbreitet.

Zur finalen Reinigung sollte unbedingt eine Klobürste benutzt werden, am besten eine, die auch unter dem Schüsselrand reinigt.

Zeit nehmen für eine gründliche Reinigung der Hände mit Wasser und Seife.

Stoffhandtücher zum Händeabtrocknen sollten bereits nach kurzem Gebrauch aus dem Verkehr gezogen und bei 60 Grad mit einem Vollwaschmittel aus Pulver gewaschen werden. Gleiches gilt für Putzlappen, die allerdings in eine separate Wäsche gehören. Desinfektionsmittel ist unnötig.

Farbig unterschiedliche Putzlappen oder Schwämme für Waschbecken, Wasserhähne, Schalter einerseits und das Klo andererseits sind sinnvoll.

Und dann noch ein Tipp für alle, die mitunter ähnlich verpeilt durch den Tag laufen wie ich: Es kann nicht schaden, sein Smartphone vor dem Gang aufs Klo aus der Gesäßtasche zu nehmen. Mir ist mein Telefon tatsächlich mal ins Klo gefallen.

## You will never talk alone? Mikroben auf Handys und Brillen

Das *Time*-Magazine gilt nicht gerade als Revolverblatt. Deshalb war diese Nachricht im August 2017 schon beunruhigend: »Dein Handy ist zehn Mal dreckiger als ein Toilettensitz.«

Rund 57 Millionen Deutsche nutzen ein Smartphone. Laut Statistik greifen viele Nutzer einige Dutzend Mal am Tag nach ihrem Apparat. Das Handy hat sich zu einem Alltagsgegenstand entwickelt. Ist es da nicht mehr als alarmierend, dass wir uns regelmäßig eine Keimschleuder ans Ohr halten?

Diese Meldung ist ein gutes Beispiel dafür, wie ausgezeichnet sich mit dem Thema Keime und Co. eine Katastrophenstimmung erzeugen lässt. Und wie wenig tatsächlich über Bakterien und deren Verbreitung bekannt ist. Der Gedanke an eine bazillenübersäte Klobrille ruft natürlich unverzüglich Ekel hervor. Nur: Die dahinterstehende Grundannahme ist schlicht falsch.

### Keime so gut wie nicht vorhanden

Die Klobrille wurde absichtsvoll als Gegenstand gestaltet, der für Keime ähnlich attraktiv ist wie die Wüste für einen Verdurstenden: Die glatte Oberfläche bietet kaum Halt und kaum Nährstoffe. Zudem ist es hier ziemlich trocken, denn das Material ist feuchtigkeitsabweisend; das sind keine guten Voraussetzungen für die Vermehrung von Bakterien.

Gewiss, ein paar Mikroben verirren sich selbst an diesen Ort. Wir Haushalts-Mikrobiologen gehen von einer Konzentration von etwa 100 Keimen pro Quadratzentimeter aus. In der Relation des Experten bedeutet das: Keime so gut wie nicht vorhanden.

Multipliziert man nun dieses Nichts mal zehn, so ergibt sich eine Zahl, die niemandem den Angstschweiß auf die Stirn treiben muss: 1000 Keime pro Quadratzentimeter sind noch immer verdammt wenig; unter jeder Achsel tummeln sich mehr Mikroorganismen.

An der Hochschule Furtwangen (HFU) wollten wir es allerdings genau wissen und haben uns die Handy-Displays intensiver angesehen. Wir nahmen sogenannte Abklatsch-Proben von insgesamt 60 Smartphones, die uns von Studierenden und Mitarbeitenden zur Verfügung gestellt worden waren. Bei diesem Verfahren werden die Bakterien von der Handy-Oberfläche auf eine Art erhabene Petrischale gestempelt. Das Ergebnis war eine faustdicke Überraschung.

## Können Handystrahlen Keime töten?

Wir haben pro Quadratzentimeter im Durchschnitt 1,37 Keime gefunden! Da ja bekannt ist, dass Bakterien sich untereinander suchen und auch finden, konnte man fast Mitleid haben über diesen Grad der Vereinsamung. Und es kam noch besser: Durch das Abwischen mit einem alkoholischen Brillenputztuch ließ sich dieses mikrobielle Nichts noch mal um knapp das 100-Fache verringern.

In einer ähnlichen Studie im Krankenhausumfeld zeigten Handys älteren Typs knapp zehnmal mehr Keime als moderne Smartphones. Der Grund dafür liegt nahe: Auf den knubbeligen Tasten älterer Modelle können sich Bakterien weit besser festhalten als auf der spiegelglatten Oberfläche eines Smartphones. Das ist immerhin eine gute Nachricht für all jene, die schon lange nach einem Grund suchen, endlich auf ein neueres Modell umzusteigen.

Italienische Kollegen bestätigten im Dezember 2017 unsere Messergebnisse. Sie untersuchten insgesamt 100 Smartphones und fanden Mittelwerte zwischen 0,4 und 1,21 Keimen pro Quadratzentimeter. Handy-Displays sind glatt, trocken und werden zwar häufig angefasst, doch auch häufig abgewischt; da haben Keime keine großen Vermehrungschancen.

Ihre Untersuchungen führten allerdings noch zu einer weiteren Hypothese: Womöglich wirkt sich auch die Strahlung eines Handys auf dessen Keimdichte aus.

Der sogenannte SAR-Wert (Spezifische Absorptionsrate) eines Mobiltelefons ist ein Maß für seine Sendeleistung. Der Wert gibt an, wie hoch die Absorption von elektromagnetischen Feldern ist, die beim Telefonieren am Kopf eines Menschen auftritt. Der SAR-Wert schwankt bei den unterschiedlichen Fabrikaten teils deutlich. Je höher der Wert liegt, desto stärker erwärmen sich Kopf und Gerät.

Ungeklärt ist, ob diese Strahlung einen schädigenden Einfluss auf die Gesundheit des Handy-Nutzers hat. Aus diesem Grund erhalten nur Mobiltelefone mit einem Höchstwert von 0,6 Watt pro Kilogramm eine Zertifizierung mit dem Umweltzeichen »Blauer Engel«. Doch offenbar gibt es immerhin einen Grund, warum ein höherer SAR-Wert wünschenswert sein könnte: Auf jenen Apparaten mit höherer Strahlung befanden sich nach Auskunft der italienischen Wissenschaftler messbar weniger Keime.

## Die Entschlüsselung der Handy-Flora

Andererseits könnte man dieses Untersuchungsergebnis auch als indirekten Beweis für die Schädlichkeit der Handy-Strahlung auffassen: Wenn schon unsere überaus hartnäckigen Mitbewohner davor kapitulieren, was kann diese Strahlung dann erst mit uns anrichten?

In unserer Studie konnten wir zehn verschiedene Gattungen und zehn verschiedene Arten von Bakterien nachweisen. Das waren typische Haut- und Schleimhautbakterien (Staphylokokken und Streptokokken), aber auch Fäkalkeime (*Escherichia coli*). Damit haben wir im Grunde die Hauptquellen für die Smartphone-Flora nachgewiesen: Aufs Display geraten Keime über

- die Haut (durch Hände und Gesicht)
- die Schleimhäute (beim Sprechen)
- Fäkalien (durch ungewaschene Hände)
- die Umwelt (über Staub in der Luft und am Boden).

Fünf der zehn Arten, die wir gefunden haben, können potenziell gefährlich sein. Allerdings war deren Konzentration derart gering, dass von diesen Übelkeimen kaum eine Gefahr ausgeht.

Im privaten und häuslichen Bereich dürften Smartphones und ihre Mikroben kein Gesundheitsrisiko darstellen. Anders sieht es möglicherweise im klinischen Bereich aus.

## Krankenhauskeime, gratis vom Chefarzt

Im Jahr 2006 kam die British Medical Association (BMA) in einer Studie zu dem Ergebnis, dass die Seidenkrawatten der behandelnden Mediziner ein großes Infektionsrisiko darstellen.

Denn die Doktoren hätten die Neigung, ihre Schlipse intensiv zu befingern und überaus selten zu waschen.

Im modernen Krankenhaus hat das Mobiltelefon die Krawatte offenbar als einen der meistbegrapschten Gegenstände und Träger potenziell gefährlicher Keime abgelöst. Infektiologen vom Imperial College in London berichteten etwa, dass Ärzte das Smartphone zur Pulsmessung einsetzen. Dabei gingen sie das Risiko ein, auch multiresistente Keime an ihre Patienten weiterzugeben.

Dennoch könnte das Smartphone in der medizinischen Diagnostik eines Tages eine wichtige Rolle spielen. US-Wissenschaftler haben im Rahmen einer modernen molekularbiologischen Studie eine große Übereinstimmung zwischen dem Mikrobiom eines Smartphones und dem Mikrobiom auf den Fingern seines Besitzers nachgewiesen. Diese Erkenntnis veranlasste die Autoren der Studie zu einer geradezu poetischen Aussage: »Our human microbiome travels with us everywhere we go.«

## Keimtest statt Stuhlprobe?

Es wäre also denkbar, dass das Handy irgendwann als Mikrobiom-Sensor nutzbar ist. Vielleicht lässt dessen »Keimbild« ja orientierende Aussagen über den Gesundheitszustand eines Menschen zu oder es gibt gar Auskunft über eine mögliche Kontamination mit Pathogenen.

Nicht ausgeschlossen, dass dadurch künftig unangenehme Prozeduren wie die Entnahme von Blut- oder Stuhlproben zumindest in bestimmten Fällen überflüssig werden. Natürlich ist das sehr spekulativ. Aber eben auch ein Hinweis darauf, dass wichtige Bereiche der häuslichen und klinischen Hygiene von der Wissenschaft bislang sträflich vernachlässigt wurden. Das gilt auch für einen weiteren Gegenstand des Alltags, den ich für unsere Forschung eher aus Zufall entdeckt habe.

Für unsere erste Handy-Studie habe ich die beteiligten Studierenden gebeten, Brillenputztücher zu besorgen, um sie dann auf ihre Reinigungswirkung hin zu testen. Ich bin ihnen heute noch dafür dankbar, dass sie sich – aus welchem Grund auch immer – für Tücher der Firma Zeiss entschieden haben. Denn mit diesem Traditionsunternehmen entwickelte sich ziemlich bald eine sehr fruchtbare Zusammenarbeit über die Mikroflora von Brillen.

Über die Keimbelastung von Brillen ist noch so gut wie gar nichts bekannt. Erste Studien deuten allerdings darauf hin, dass die Keimflora einer Brille gerade im klinischen Bereich, etwa bei Operationen, ein Problem darstellen könnte. Man stelle sich vor: So ein Eingriff erfordert die Sterilität des Operationsbestecks und der Kleidung der Ärzte. Doch wie es um die Brille auf der Nase bestellt ist, interessiert momentan kaum. Das ist durchaus beunruhigend, wie sich zeigen wird.

## Blinde Passagiere

Wir konnten in einer Studie an der Hochschule Furtwangen nachweisen, dass Brillen im Durchschnitt mit rund 9600 Keimen pro Quadratzentimeter belastet sind. Das ist ein Vielfaches von der Keimkonzentration, die sich auf einem Toilettensitz oder dem Display eines Smartphones findet.

Auf dem Nasenpolster einer Brille haben wir gar den Spitzenwert von 660 000 Keimen pro Quadratzentimeter gemessen. Gerade Staphylokokken waren sehr häufig vertreten. Wer mag sich nicht mit Grusel ausmalen, dass bei seiner eigenen Operation ein mit multiresistenten Keimen belastetes Objekt wie ein blinder Passagier in eine sterile Umgebung geschmuggelt wird?

Es ist derzeit auch kaum möglich, eine gewöhnliche Brille zu sterilisieren. Abhilfe können Schutzmasken oder Überbrillen schaffen, die allerdings nicht gerade für eine bessere Sicht sorgen.

Es ist bislang noch völlig unklar, ob und – wenn ja – welches Risiko von Mikroben auf der eigenen Brille ausgeht. Wir wissen auch, dass komplette Sterilität schlicht unerreichbar ist. Doch es gibt in Deutschland mehr als vierzig Millionen Brillenträger, wäre es nicht an der Zeit und wünschenswert, endlich mehr Durchblick in diesen noch weitgehend unerforschten Bereich zu bringen?

An der HFU wollen wir unseren Beitrag dazu leisten. Derzeit gehen wir beispielsweise der Frage nach, ob die Brille bei Augenerkrankungen womöglich eine Rolle als Versteck oder Zwischenstopp von Erregern spielt. Das wäre etwa im Falle von chronischen oder akuten Augenentzündungen denkbar, aber auch bei der Übertragung von Viruserkrankungen wie der Grippe.

Und natürlich gilt das auch für die Verbreitung resistenter Keime. Multiresistente Staphylokokken wohnen bevorzugt in der Nase und könnten sich auf einer Brille vorübergehend verstecken, während man versucht, den Betroffenen von diesen Erregern zu kurieren. Es würde mich nicht wundern, wenn hier noch einige bislang unentdeckte Verbreitungswege aufgedeckt würden.

Da liegen noch einige Nobelpreise auf der Straße, würde ich sagen.

**Handy-Hygiene**

- → Die Keimbelastung auf Smartphone-Displays ist normalerweise sehr niedrig.
- → Im häuslichen Umfeld sind keine besonderen antimikrobiellen Schutzmaßnahmen (antimikrobielle Schutzfolien oder Ähnliches) nötig.
- → Saubere Hände = sauberes Smartphone!
- → Reinigen mit alkoholischen Tüchern reduziert die geringe Keimzahl noch mal um knapp das 100-Fache, kann aber langfristig auch das Display schädigen.
- → Akne durch Handy-Mikroben ist ein Mythos. Auf der Gesichtshaut befinden sich zigfach mehr Keime als auf einem Handy.
- → In der Küche / beim Kochen können Displays zu Kreuzkontaminationen führen. Abhilfe: Sprachmodus nutzen.

# 3. Sie sind mitten unter uns

## Holy Shit! Warum auch Mikroben Kirchgänger sind

Mein früherer Job in der Forschungsabteilung der Firma Henkel begann mit einer etwas irritierenden Begegnung. Nach dem Auswahlverfahren in einem Assessment-Center kam mein späterer Chef auf mich zu und meinte, ich hätte so eine »pastorale Note« beim Sprechen. Es wäre noch nicht nachteilig, aber ich sollte es nicht weiter kultivieren.

Vielleicht störte mich diese Bemerkung nicht weiter, weil ein Theologiestudium für mich tatsächlich eine vorstellbare Alternative gewesen wäre. Wir sind nämlich gläubige Katholiken. Dass meine Frau und ich unsere Kinder in diesem Glauben erfolgreich erzogen haben, fiel mir einmal in den Ferien auf. Im Garten unseres Ferienhauses stand eine Vogeltränke. Immer, wenn unsere Kinder daran vorbeikamen, tauchten sie ihre Hände hinein und bekreuzigten sich.

Religion und Wissenschaft in einer Person zu vereinen ist

nicht immer ganz leicht. Als regelmäßiger Kirchgänger benutze ich beim Eintreten in eine Kirche selbstverständlich das Weihwasser an der Tür und bekreuzige mich, auch wenn die Behälter mit dem gesegneten Nass gerade im Sommer nicht immer einladend aussehen. Als Mikrobiologe hat es mich allerdings immer schon gereizt zu untersuchen, was sich da drin so alles tummelt.

Meine Frau war von dieser Idee zunächst wenig begeistert. Sie fürchtete wohl um unseren guten Ruf in der Heimatgemeinde.

## Staphylokokken im Weihwasser

Natürlich bin ich den offiziellen Weg gegangen und habe bei unseren Pfarrern angefragt, ob ich das Weihwasser in unserer Seelsorgeeinheit mikrobiologisch untersuchen dürfte. Die Reaktion war überraschend positiv. Nun ja, das dicke Ende stand ja auch erst bevor.

Zusammen mit zwei Studierenden untersuchte ich im Frühsommer 2015 die Keimbelastung des Weihwassers in drei Stadt- und zwei Landkirchen in Villingen-Schwenningen und den umliegenden Ortschaften. Tatsächlich fanden wir Keime, und zwar reichlich: bis zu 21 000 pro Milliliter!

In den insgesamt 54 Weihwasserproben entdeckten wir viele Haut- und Wasserbakterien, insbesondere Staphylokokken, die als Erreger von Haut- und Weichteilinfektionen, etwa Abszessen, bekannt sind. Auch Fäkalkeime schwammen in den Proben. Insgesamt identifizierten wir 20 verschiedene Arten von Bakterien. Die Hälfte davon war potenziell pathogen.

Nie zuvor ist in Deutschland eine vergleichbare Untersuchung durchgeführt worden. Vielleicht waren die Hemmungen anderer Wissenschaftler bislang doch zu groß. Dabei ist die quantitative Relevanz des Themas unübersehbar: In Deutschland gibt es rund 24 Millionen Katholiken. Gut zehn Prozent davon, etwa 2,5 Millionen Menschen, besuchen regelmäßig den Gottesdienst.

## Vorsicht Heilquelle

Wenige Jahre vor uns hatten österreichische Mikrobiologen heilige Quellen sowie Weihwasserproben aus Kirchen und Krankenhauskapellen der Alpenrepublik untersucht.

Nur 14 Prozent der Quellen erfüllten die Anforderungen der österreichischen Trinkwasserverordnung. Bis zu 170 000 Keime wurden pro Milliliter entdeckt. Häufig fanden sich zudem Fäkalbakterien, und auch die Nitratwerte waren oft deutlich zu hoch.

Noch dramatischer war die Lage in den Weihwasserbecken: Hier sichteten die Forscher bis zu 67 Millionen Keime pro Milliliter. Zur Erinnerung: Die deutsche (und die österreichische) Trinkwasserverordnung gestatten ganze 100 Keime pro Milliliter. Auch hier wurden Fäkalkeime gefunden, am häufigsten Enterokokken, die bei Menschen mit einem geschwächten Immunsystem Harnwegsinfekte, Blutvergiftung oder eine Herzentzündung auslösen können.

Hauptquelle für die Verkeimung waren die Finger der Gläubigen. Allerdings gibt es mit dem geheiligten Wasser noch ein weiteres Problem, das sowohl unser Nachbarland Österreich als auch deutsche Gemeinden betrifft: In der Regel wird Weihwasser nur wenige Male im Jahr geweiht und dann in einem großen Behälter bevorratet. Da kann so manches wachsen, wie die österreichischen Kollegen und auch wir an der Hochschule Furtwangen anhand zahlreicher Wasserkeime feststellten.

Und in noch einer Hinsicht zeigten beide Studien eine Gemeinsamkeit. Beide Forscherteams fanden unabhängig voneinander heraus, dass in den größten Gemeinden mit den meisten Kirchenbesuchern auch das Weihwasser mit der größten Keimbelastung zu finden war. Umgekehrt nahm die Konzentration der Bakterien ab, je kleiner die Kirche war. In zwei kleinen Umlandkirchen haben wir etwa eine Konzentration von nicht mehr als 100 Keimen pro Milliliter ermittelt – das ist Trinkwasserqualität.

## Weihwasser – eine Gefahr?

Unsere Gemeindepfarrer in Schwenningen hatten mir vor der kleinen Studie ein Versprechen abgenommen: »Lauf mit den Ergebnissen nicht gleich zur BILD-Zeitung«, baten sie mich. Diesem Wunsch kam ich gerne nach. Dass die Hochschule Furtwangen jedoch eine Pressemitteilung herausgeben würde, die ein beachtliches Medienecho fand, konnte das Pfarramt nicht ahnen. Hinzu kam, dass die Veröffentlichung just in eine Zeit fiel, als die Stimmung der Schwenninger in puncto Keime ohnehin gereizt war.

Die örtlichen Stadtwerke kämpften gerade mit einer Fäkalkontamination des Trinkwassers und begannen sogar damit, Trinkwasserflaschen an die Bevölkerung auszugeben. Leitungswasser ist das am besten kontrollierte Lebensmittel in Deutschland, sodass derartige Kontaminationen, wie sie etwa durch Bauarbeiten entstehen können, zum Glück sehr schnell entdeckt werden. Sauberes Trinkwasser ist für uns eine Selbstverständlichkeit. Wie sehr man es vermisst, das Wasser aus dem Hahn nicht mehr einfach so trinken zu können, haben die Schwenninger damals schmerzlich erfahren.

Meine Frau sagte jedenfalls eines Morgens sehr ernst: »Das Pfarramt hat angerufen, wegen der Keime im Weihwasser. Da gab es wohl einen Zeitungsartikel und nun würden die Telefone nicht mehr stillstehen. Die sind außer sich ...!«

Die gebetsmühlenartigen Warnungen von Mikrobiologen vor den Auswirkungen eines pathogenen Keims für ein angegriffenes Immunsystem wecken bei Uninformierten mitunter Zweifel: Ist das denn wirklich alles so schlimm? Hat diese Gefahr nicht etwas Herbeigeredetes? Wenn es dann noch um Bazillen in heiligen Quellen und Weihwasser geht, scheint das Thema gar ins Absurde abzugleiten. Zwei akademisch aufgearbeitete Infektionsfälle, die in medizinischen Fachpublikationen veröffentlicht wurden, zeigen jedoch exemplarisch, wie ernst dieses Problem werden kann.

In Birmingham war ein 19-Jähriger ins örtliche Unfallkrankenhaus eingeliefert worden, nachdem er aus dem zehnten Stock eines Wohnhauses gesprungen war. Auf wundersame Weise hatte der junge Mann den Sturz schwer verletzt überlebt. In den ersten sechs Wochen nach seiner Einweisung erholte sich der Patient zunächst gut. Doch plötzlich infizierten sich die Wunden des Rekonvaleszenten mit *Pseudomonas aeruginosa* – einem Krankenhauskeim, der für diverse Infektionskrankheiten verantwortlich ist. Der Zustand des Verletzten verschlechterte sich dramatisch.

Da der Patient allein in einem Zimmer untergebracht war, standen die Ärzte vor einem Rätsel. Zunächst gelang es den Medizinern nicht, die Infektionsquelle ausfindig zu machen. Bis einer der behandelnden Ärzte zufällig zugegen war, als eine Tante des Schwerkranken die Wunden mit Weihwasser besprenkelte. Was womöglich in guter Absicht geschah, entwickelte geradezu mörderische Konsequenzen. Bei einer Laboranalyse stellte sich schließlich heraus, dass das verwendete Weihwasser tatsächlich mit *Pseudomonas*-Bakterien kontaminiert war.

Bei einem ähnlichen Fall in der nahe bei Liverpool gelegenen

Kleinstadt Prescot hatten sich die Wunden eines durch massive Verbrennungen Verletzten gefährlich infiziert. Verantwortlich waren hier pathogene Bakterien der Gattung *Acinetobacter*, die ebenfalls auf abenteuerliche Weise in die Wunden des Brandopfers gelangt waren: Besucher hatten Weihwasser darauf verteilt, wie bei einer Segnung. Doch gerade Brandwunden infizieren sich leicht und heilen schlecht, da das Gewebe massiv zerstört ist.

Was folgt aus solchen Studien? Weihwasser ist nur für den äußerlichen Gebrauch bestimmt und sollte weder getrunken noch auf Wunden gebracht werden. Deshalb wäre es auch wünschenswert, in Krankenhauskapellen ganz auf dessen Gebrauch zu verzichten. Der bereits praktizierte rituelle Zusatz von Salz zum Weihwasser hat konservierenden Charakter und schützt vor Verkeimungen. Gleiches gilt für Weihwasserbehälter aus Kupfer. Grundsätzlich sollten alle Weihwasserbehälter regelmäßig gereinigt werden.

## Ist der Glaube ansteckend?

Ich bekenne, auch ich tauche meine Finger immer noch ohne Skrupel ins Weihwasserbecken und lasse mich auch in der Kirche mit Weihwasser besprengen.

Rituell dient das Aufnehmen von Weihwasser am Eingang der Kirche mit der anschließenden Bekreuzigung der Erinnerung an die eigene Taufe. Natürlich kann man den Sinn eines solchen Rituals in Zweifel ziehen. Die Idee dahinter ist jedoch unzweifelhaft menschlichen Ursprungs. Oder etwa doch nicht?

Tatsächlich veröffentlichten russische Wissenschaftler im Jahr 2014 einen Aufsatz in dem englischsprachigen Fachjournal *Biology Direct*, der genau diese Grundannahme in Zweifel zieht.

Die These der Autoren klingt zunächst mal abenteuerlich: Sie besagt, dass uns Mikroben womöglich dazu bringen könnten, religiöse Riten zu begehen. Wie das? Weil sie sich durch die damit einhergehenden Infektionen leichter von Mensch zu Mensch verbreiten können und sich so einen evolutionären Vorteil verschaffen.

So weit die Theorie. Ist Religion also vielleicht nur eine Art Infektionskrankheit? Oder ist diese These nichts als vollkommener Blödsinn? Richten wir kurz unseren Blick auf das Tierreich, um nachzuvollziehen, wozu Parasiten imstande sind: Die Larven des kleinen Leberegels, sogenannte Zerkarien, sind in der Lage, in das Gehirn von Waldameisen vorzudringen und dort deren Verhalten zu steuern. Noch gruseliger: Die Parasiten treiben die Ameisen sogar in den Selbstmord.

So bringt der Miniwurm die Krabbeltiere nächtens dazu, auf einen Grashalm zu klettern, um sich dort von einem größeren Wirtstier, beispielsweise einer Kuh oder einem Schaf, verspeisen zu lassen. Danach ist die Ameise tot, aber den Zerkarien geht's prächtig. Sie brüten in ihrem neuen Wirt Eier mit voll entwickelten Larven aus, die dann beim nächsten Verdauungsgang des Wirtes mit dem Kot ausgeschieden werden. So eklig es sich anhört, man muss den Hut ziehen vor dieser überaus erfolgreichen Überlebensstrategie.

Aber wäre es wirklich vorstellbar, dass kontrollwütige Keime die Herrschaft über unsere Handlungen übernehmen? Bekannt ist der verheerende Schaden, den Pathogene direkt im Gehirn anrichten können. So beispielsweise im akuten Stadium einer Tollwut, in dem Menschen von unkontrollierbaren Zuständen rasender Wut beherrscht werden. Doch seit relativ kurzer Zeit ziehen Wissenschaftler eine ganz andere Möglichkeit der Kommunikation in Betracht, mit der Mikroorganismen einen regelrechten Funkverkehr zu unserem Gehirn aufbauen.

Das Medium dieser Verbindung ist die sogenannte Darm-Mikrobiom-Hirn-Achse. Unser Darm-Mikrobiom, also die Vielzahl an Mikroorganismen, die in unserem Verdauungsorgan zu Hause sind, gilt inzwischen als ein überaus sensibles zweites Gehirn in unserem Körper. Biologen halten es für denkbar, dass die Mikroben-Flora im Darm Alarmsignale in Form von Molekülen oder Hormonen an das Gehirn sendet, wenn sie in Unordnung geraten ist.

Erkrankungen wie Depressionen oder Autismus, so spekulieren einige Forscher, könnten Ausdruck eines schwer gestörten Darm-Mikrobioms sein. Wissenschaftler sehen natürlich das mögliche Potenzial in dieser Forschung. Vielleicht lassen sich etliche Krankheiten heilen, wenn wir die Funktionsweise des Darm-Mikrobioms verstehen. Daneben steht aber noch eine etwas beunruhigende Frage: Können die Mikroorganismen im Darm unserem Gehirn auch Befehle erteilen, die sich unserem bewussten Handeln entziehen?

Wenn man sich einen Augenblick auf den Gedanken einlässt, Mikroben könnten uns aus Gründen des eigenen evolutionären Vorteils zu gesundheitlich riskanten Handlungen anstiften, dann fällt auf: Es gibt verblüffend viele religiös motivierte Rituale, die in einer Infektion münden können. Und dabei sieht es fast so aus, als würden es die Mikroorganismen mit den Katholiken noch einigermaßen gut meinen. Das Besprenkeln mit Weihwasser ist eine vergleichsweise schmerzlose Art, pathogene Keime aufzunehmen. Es geht auch weit brachialer.

## Mit Haken und Ketten – blutige Rituale

In ultra-orthodoxen jüdischen Gemeinden etwa wird eine umstrittene Beschneidungspraxis angewandt: die Metzitzah B'peh.

Bei diesem sehr alten Ritual saugt der Mohel, ein Beschneidungsfachmann, als letzte Handlung nach der Abtrennung der Vorhaut mit seinem Mund Blut aus der Wunde des Babys. Dabei besteht die Gefahr einer Infektion des Säuglings mit Herpes simplex Typ 1. Hirnschäden und sogar Todesfälle sind in der Folge möglich.

Die schiitischen Passionsspiele sind eine zehntägige Trauerzeremonie, deren zentraler Punkt eine rituelle Selbstgeißelung der Gläubigen ist. Hierbei handelt es sich allerdings keineswegs um eine bloße Symbolhandlung. Die Gläubigen nutzen mit Nägeln oder Klingen besetzte Ketten, um sich selbst damit immer wieder auf den Rücken zu schlagen.

Das Hindu-Fest Thaipusam wird insbesondere von Tamilen in Indien, Malaysia und Singapur gefeiert. Im Verlauf dieser Feier wird es durchaus blutig. Teilnehmer drücken sich etwa stählerne Haken in den Rücken oder durchbohren Wangen und Zunge mit spitzen Gegenständen.

Sind jene, die sich freiwillig derartigen Prozeduren unterziehen, völlig von Sinnen und nicht Herr ihres eigenen Willens, wie die russischen Forscher mit ihrer These nahelegen? Mir fiele nur eine Möglichkeit ein, dies zu testen: Man müsste das Mikrobiom von überzeugten Teilnehmern solcher Rituale mit dem von areligiösen Menschen vergleichen, die nicht bei diesen Veranstaltungen mitmachen. Allerdings würde man die berüchtigte Nadel im Heuhaufen suchen. Wer weiß schon, welche Mikroorganismen die religiöse Erhitzung fernsteuern? Wenn überhaupt …

Die Autoren des russischen Thesenpapiers prophezeien indes, dass sich mit zunehmender Hygiene auch unsere Religiosität verringert. Ihre simple Rechnung: weniger Keime gleich weniger zum Ritus verleitende Gedankenmanipulation durch Mikroben. Ich bin nicht sicher, ob die Forscher für diese Theorie einen Nobelpreis erhalten werden. Als Wissenschaftler bin ich natürlich neugierig genug, um mich an dem Experiment zu beteiligen.

Eine Idee, die mir während unserer Weihwasser-Studien kam, ist die Entwicklung eines antimikrobiellen Zusatzes für das Weihwasser, der die Keime zuverlässig abtötet und gleichzeitig mit dem katholischen Ritus konform ist. Vielleicht etwas auf Weihrauchbasis? Daraus könnte man sogar ein Business-Modell entwickeln. In Anbetracht der Hypothese, dass zu viel Hygiene eventuell das Ende des Glaubens herbeiführen könnte, müsste ich persönlich allerdings von dieser Geschäftsidee Abstand nehmen.

# Natürlicher Widerstand – wenn Mikroben resistent werden

Die Lechuguilla-Höhle im US-Bundesstaat New Mexico gilt als eine der spektakulärsten Tropfsteinhöhlen der Welt. Sie ist über 200 Kilometer lang. Weil das gewaltige Höhlenlabyrinth von einer dichten Schicht Sedimentgestein verschlossen wird, dringt kaum Wasser hinein. Ein Paradies für Mikrobiologen also, denn dadurch haben sich im Untergrund von New Mexico uralte Bakterienstämme erhalten.

Gewöhnlich ist der Zutritt in das unterirdische Gängesystem mit Eisengittern versperrt. Nur manchmal wird eine Ausnahme gemacht und ein Forscher hineingelassen. Einer dieser Glücklichen war der kanadische Biochemiker Gerry Wright. Er kratzte 93 Mikrobenproben aus dem Gestein und nahm sie mit nach Hause.

In seinem Labor in Hamilton in der Provinz Ontario traktierte Wright das rund vier Millionen Jahre alte Material mit 26 der gebräuchlichsten Antibiotika. Was er herausfand, war ein Schock: Beinahe alle Bakterienstämme waren gegen mindestens eines, die meisten sogar gegen mehrere der Antibiotika resistent. Drei der Stämme besaßen zudem Resistenzen gegen 14 Wirkstoffe.

Besonders unheimlich: Einigen der Uralt-Mikroben gelang es, eine Schwachstelle in einem relativ neuen Antibiotikum zu finden. Für Wright war damit der Beweis erbracht, dass Bakterien schon vor sehr langer Zeit in der Lage waren, Antibiotika wirksam zu bekämpfen.

Moment, vor vier Millionen Jahren gab es doch noch gar keine Antibiotika!

Mit Sicherheit keine chemisch hergestellten. Rein natürliche antibiotische Wirkstoffe waren aber durchaus vorhanden. Sie sind vermutlich sogar eine Erfindung der Mikroorganismen selbst. Ganz hemmungslos schalten bestimmte Einzeller mit diesem Kampfstoff seit jeher ihre Gegner aus. Doch die Konkurrenz schläft nicht und hat ihrerseits eine Widerstandsfähigkeit gegen die natürlichen Antibiotika entwickelt.

## Tausende Tote durch resistente Keime

Resistenzen gegen Antibiotika sind also etwas völlig Natürliches und kein Phänomen der Neuzeit. Für Menschen ist das eine recht betrübliche Nachricht. Denn es zeigt umso mehr, dass es uns im Wettlauf gegen pathogene Keime ungefähr so ergeht wie dem Hasen mit dem Igel: Irgendwie rennen wir ständig hinterher und haben nur geringe Aussichten, am Ende zu gewinnen.

Die Weltgesundheitsorganisation (WHO) sieht uns bereits »auf dem Weg in ein postantibiotisches Zeitalter«. So, wie uns mittelfristig das Erdöl ausgeht, müssen wir auch bei den Antibiotika dringend nach Alternativen suchen. Laut Robert Koch-Institut sterben in Deutschland schon jetzt jedes Jahr zwischen 1000 und 4000 Menschen durch Infektionen mit multiresistenten Erregern. In Europa sind es 25 000, in den USA werden regelmäßig jedes Jahr rund 23 000 Menschen Opfer solcher sogenannten Superkeime (Superbugs).

Im März 2018 geriet etwa ein Brite in die Schlagzeilen, der sich beim Geschlechtsverkehr in Südostasien mit Gonorrhö infiziert hatte. Die im Volksmund »Tripper« genannte Infektion ist normalerweise durch ein Antibiotikum gut beherrschbar. Doch diese Variante sprach nicht auf die Behandlung an. Erst ein Reserveantibiotikum, das eigentlich nur im allergrößten Notfall eingesetzt wird, half dem Infizierten aus der Patsche. Die Europäische Seuchenschutzbehörde (ECDC) warnte davor, dass die künftige Behandlung dieser Geschlechtskrankheit gefährdet sei.

Doch auch ohne riskantes Sexualverhalten kann man zum Ziel eines multiresistenten Keims werden. Es ist beispielsweise möglich, durch eine Bagatelle wie etwa einen Wespenstich in die Notaufnahme eines Krankenhauses zu geraten, um sich dann dort mit einem Superbug zu infizieren. Ein solches Szenario war in hiesigen Krankenhäusern lange Zeit undenkbar.

## Wer hat Angst vorm Antibio-Tiger?

Als »drugs of last resort« werden die Reserveantibiotika im Englischen vielsagend bezeichnet, also als »letzter Ausweg«. Die dramatische Formulierung könnte kaum treffender sein. Denn danach hilft allenfalls noch beten. Aber selbst wenn das Reservemittel anschlägt, sind die Aussichten des Patienten zunächst nicht allzu rosig: Die Notfall-Antibiotika wirken meist nicht so gut wie herkömmliche Antibiotika, deshalb gestaltet sich die Behandlung häufig langwierig. Zudem sind diese Medikamente weit weniger verträglich, immer wieder kommt es zu schweren Nebenwirkungen.

Dennoch ist die reale Gefahr offenbar noch nicht in den Köpfen angekommen. Ich frage in meinen Vorlesungen regelmäßig nach, wie es um die Angst vor Infektionskrankheiten bestellt ist. Die meisten winken dann nur ab. Bei diesem Thema herrscht eine irritierende Gelassenheit und Unwissenheit. Das kann man auch an Details ablesen. In einem Versuchsprotokoll verwendete zum Beispiel ein Studierender konsequent das Wort »Antibio-tiger« statt »Antibiotika«. Es ist leider nicht davon auszugehen, dass es sich dabei um einen Scherz handelte.

Antibiotika gehören heute so selbstverständlich zu unserem Leben, dass eine fatale Sorglosigkeit eingesetzt hat. Patienten nötigen ihre Hausärzte so lange, bis diese den Bakterienkiller auch bei Viruserkrankungen verschreiben, bei denen sie jedoch völlig wirkungslos sind.

Um sich eine Welt ohne Antibiotika vorzustellen, muss man in Gedanken nicht bis ins Mittelalter zurückgehen.

So ist es gerade mal gut hundert Jahre her, dass im Ersten Weltkrieg Soldaten aller Nationen wie die Fliegen auf dem Schlachtfeld starben, weil noch keine antibakteriellen Wirkstoffe zur Verfügung standen. Neuartige Geschosse rissen den jungen Männern damals entsetzliche Wunden, die häufig mit dem Dreck des Schützengrabens infiziert wurden. Zuhauf starben sie an den Folgen eines fatalen Wundbrands.

Das bekannteste Antibiotikum ist sicher das Penicillin, das erst ab den 1940er-Jahren am Menschen zum Einsatz kam. 1945 erhielten die Briten Alexander Fleming, Howard Florey und Ernst Chain dafür den Nobelpreis für Medizin. Meiner Meinung nach eine der verdientesten Auszeichnungen aller Zeiten.

Die Gabe von Penicillin hemmt ein Schlüssel-Enzym, das den Aufbau der bakteriellen Zellwand steuert. Die Zellwand eines jungen, noch wachsenden Bakteriums wird dadurch weich; Wasser strömt in die Zelle, bis sie platzt und stirbt. Ein genialer

Mechanismus. Da dieses Enzym für den Zellaufbau nur bei Bakterien vorkommt, nicht aber bei Menschen oder Tieren, tötet Penicillin selektiv nur Bakterien.

## Die diabolische Macht der Mikroben

Es sind rund 8000 antibiotische Wirkstoffe bekannt. Die meisten davon eignen sich aus diversen Gründen nicht für die Massenproduktion: Mal wären sie für eine klinische Anwendung zu teuer, mal wäre die technische Herstellung zu kompliziert. Manche Wirkstoffe sind toxisch für Menschen, andere nicht lange genug haltbar, oder aber sie verlieren im menschlichen Körper zu schnell ihre Wirkung. Letztlich werden derzeit nur etwa 100 Antibiotika medizinisch eingesetzt. Sie alle besitzen die Fähigkeit, bereits durch winzige molekulare Veränderungen den Kollaps einer aggressiven Bakterienzelle herbeizuführen.

Es gibt sogenannte Breitband-Antibiotika, die auf sehr viele verschiedene Bakterien wirken, und solche, die nur wenige Gruppen attackieren. Leider können Antibiotika nicht zwischen »nützlichen« und »schädlichen« Bakterien unterscheiden. Was gut oder böse ist, hängt nämlich sehr vom Kontext ab. Kolibakterien etwa leisten im Darm einen prima Job. In der Harnröhre lösen sie jedoch heikle, sehr unangenehme Infektionen aus.

Wie oben erwähnt, besitzen Bakterien die natürliche Fähigkeit, sich vor Angriffen der Antibiotika zu schützen und resistent zu werden. Resistent bedeutet, dass ihnen die Menge des Medikaments nichts mehr anhaben kann, die ein Patient zur Heilung einnimmt.

Es liegt eine diabolische Kraft darin, wie Mikroorganismen ihre Hinrichtung aushebeln. Insbesondere, wenn man bedenkt, dass Einzeller aus wenig mehr als Zellplasma und etwas DNA bestehen. Die geniale Eigenschaft des Penicillins war, jenes Enzym auszuschalten, das den Aufbau der Zellwände bei Bakterien organisiert. Einige Bakterien reagierten jedoch auf dieses Destruktionsprogramm und bildeten einfach ein verändertes Enzym, an das das Medikament nicht mehr andocken konnte. Auf diese Weise wurde das wohl bekannteste Antibiotikum unbrauchbar, und der MRSA (Methicillin-resistenter *Staphylococcus aureus*) war geboren.

Andere Bakterien sind in der Lage, ein Antibiotikum durch abbauende Enzyme zu zerstören. Oder sie kapseln sich ein wie in einen Kokon und werden dadurch für den Arzneistoff unerreichbar. Eine der faszinierendsten Methoden bakterieller Selbstbehauptung sind die sogenannten Membrantransporter, mit denen die Zellen eindringende antibiotische Substanz flugs aus ihrem Körper pumpen.

Die verblüffende Fähigkeit, sich gegen Angriffe zur Wehr setzen zu können, haben alle Mikroorganismen, neben Bakterien auch Pilze und Viren, aus sich selbst heraus entwickelt. Menschen tragen allerdings eine Menge dazu bei, die gefährlichen Resistenzen gegen Antibiotika zu fördern. Schon eine angebrochene Packung verschriebener Antibiotika, die nicht bis zur letzten Tablette aufgebraucht wird, kann die Resistenz eines Bakterienstammes fördern.

Auf der Basis klinischer Studien sind die Medikamente so dosiert, dass sie eine bestimmte Infektion mit hoher Wahrscheinlichkeit in den Griff bekommen. Doch das klappt nur, wenn man sich an die Einnahmeempfehlungen hält. Denn nur dann ist sichergestellt, dass am Ort der Infektion im Körper über eine ausreichende Zeit die erforderliche Konzentration des Antibiotikums erreicht wird. Und dass tatsächlich alle schädlichen Keime beseitigt werden. Für gewöhnlich lassen die

Beschwerden einer Infektion rasch nach, sobald man mit der Einnahme des Antibiotikums begonnen hat. Ein ordentlicher Schwung an Übelkeimen wird schon mit den ersten Vernichtungssalven des Medikaments erledigt. Es werden also schnell weniger Giftstoffe am Infektionsherd produziert. Und auch die Abwehrkräfte des Körpers kommen mit Unterstützung des Antibiotikums wieder in Schwung. Der Körper meldet ans Gehirn: »Alles wieder ok!« Das Hirn denkt sich: »Warum soll ich die restlichen Tabletten nehmen? Ab in den Müll damit!« Ein verheerender Gedankengang.

Denn jene widerstandsfähigen Bakterien, die den ersten Sturm überstanden haben, schlagen nun umso härter zurück. Sie können sich jetzt ungestört ausbreiten, weil ihre Fresskonkurrenz schon dem Antibiotikum zum Opfer gefallen ist. Für unsere Gesundheit wäre es paradoxerweise also sinnvoller, wir würden bis zum vollständigen Abklingen der Infektion Schmerzen empfinden – dann würden wir das Antibiotikum auch sicherlich vollständig aufbrauchen.

## 99,9 Prozent keimfrei – muss das sein?

Für mich zeigt dieses Beispiel, dass sich ein praktikabler Umgang mit Mikroorganismen bis zu einem gewissen Grad jener Logik entzieht, mit der wir normalerweise Dinge regeln. Eine gewisse Verwirrung herrscht inzwischen auch beim Thema Hygiene, und daran sind Wissenschaftler wie ich nicht ganz unschuldig. Denn lange Zeit haben wir den Leuten erzählt, dass sie in ihren eigenen vier Wänden am besten jeden Keim zu vernichten haben, der sich in irgendeiner Ritze verstecken könnte. Nicht umsonst findet sich heutzutage beinahe in jedem Haushalt eine Flasche eines vermeintlichen Superreinigers, der angeblich 99,9 Prozent aller Keime zur Strecke bringen kann. Doch es wird immer klarer, dass es nicht von Nutzen ist, unsere Wohnungen ähnlich keimfrei halten zu wollen wie ein Krankenhaus.

Es gibt meines Wissens keine einzige Studie, die zweifelsfrei belegt, dass der Einsatz von speziellen Desinfektionsmitteln zu Hause gesunden Menschen einen Vorteil bringt. Hingegen mehren sich die Anhaltspunkte dafür, dass ein achtloser Einsatz von Desinfektionsmitteln oder speziell ausgerüsteten Putzmitteln potenziell gefährlichen Keimen sogar dienlich ist. Es gibt sogar Anzeichen dafür, dass der falsch dosierte Einsatz von Desinfektionsmitteln Antibiotika-Resistenzen fördern kann.

Desinfektionsmittel sind eigentlich nicht dafür gemacht, Sterilität herzustellen und gezielt Keime abzutöten. Ihre vordringliche Aufgabe besteht darin, die Gefahr einer Verbreitung von Infektionskrankheiten zu unterbrechen. Anders als Antibiotika attackieren diese Mittel kein bestimmtes Ziel. Sie zerstören – Wissenschaftler bevorzugen den Begriff »denaturieren« – lebenswichtige Strukturen und Biomoleküle der Mikroorganismen: beispielsweise Proteine oder die Fette von Zellmembranen.

Insbesondere im Krankenhaus erfüllen Desinfektionsmittel eine wichtige Funktion als sogenannte erste Verteidigungslinie gegen gefährliche Pathogene. Werden sie in der richtigen Konzentration und Dauer eingesetzt, töten sie auch Antibiotika-resistente Bakterien zuverlässig ab. Bekannte chemische Desinfektionsmittel sind zum Beispiel Alkohole, Ozon, Chlor, Wasserstoffperoxid, Jod, Chlorhexidin, aber auch Kupfer und Silber. Doch was geschieht, wenn diese Mittel nicht richtig dosiert werden?

*Selbst Weihwasserbecken bieten vielen Mikroorganismen Unterschlupf. Sie stammen aus dem Wasser und natürlich von den Händen der Kirchenbesucher.*

## Wie Desinfektionsmittel Resistenzen fördern können

Eine gefährliche Unsitte besteht etwa darin, Desinfektionsmittel mit Leitungswasser zu verdünnen. Oder aus Spargründen nur wenige Spritzer auf eine mit Bakterien belastete Oberfläche aufzutragen. Diverse Studien legen nahe, dass vor allem resistente Mikroben davon profitieren, wenn sie nur halbherzig attackiert werden. Wie auch beim Einsatz von Antibiotika erwischt es vornehmlich die weniger wehrhaften Mikroorganismen. Die bösen Buben bleiben jedoch am Leben und haben nach dem Verschwinden ihrer Konkurrenz umso leichteres Spiel.

Weit beunruhigender ist jedoch, dass die Chemikalien womöglich sogar die Entwicklung von Resistenzen gegen Antibiotika fördern können. *Pseudomonas aeruginosa* gilt als besonders übler Erreger, der beispielsweise in der feuchten Umgebung von Waschbecken, Duschen und Toiletten lauert und in geschwächten Organismen eine Reihe unangenehmer, teils gar bedrohlicher Infekte wie Lungenentzündung auslösen kann.

Im Labor traktierten irische Forscher Proben des Problemkeims mit Benzalkoniumchlorid, einem weit verbreiteten Konservierungs- und Desinfektionsmittel, das auch in vielen antimikrobiellen Wasch- und Reinigungsmitteln enthalten ist. Der Erreger konnte damit durchaus abgetötet werden – doch erst ab einer beträchtlichen Konzentration. Unter dieser Schwelle gewöhnte sich der Keim jedoch sogar an das Desinfektionsmittel.

Als die Wissenschaftler den Keim anschließend mit dem Antibiotikum Ciprofloxacin konfrontierten, machten sie eine schockierende Entdeckung: Die *Pseudomonas*-Bakterien erwiesen sich als resistent gegen das Präparat, das beispielsweise gegen Darm-, Gallenwegs- sowie Harnwegsinfektionen eingesetzt wird. Und das, obwohl die Erreger zuvor nie mit dem Antibiotikum in Kontakt gekommen waren. Derselbe Membrantransporter, mit dem das Bakterium Benzalkoniumchlorid entsorgte, beförderte auch das Antibiotikum nach draußen.

Was folgt nun daraus für den Hausgebrauch? Es gibt überhaupt keinen Grund, daheim schwere Geschütze wie Desinfektionsmittel permanent und vorbeugend einzusetzen. Eine normal gesunde Familie kann wunderbar mit den gängigen Methoden der Haushygiene glücklich werden und gesund bleiben. Eine Ausnahme von dieser Regel ist allerdings, wenn ein akut oder chronisch krankes Familienmitglied zu Hause gepflegt wird. Doch dann ist es umso wichtiger, dass die verantwortlichen Angehörigen fachkundigen Rat beim Gebrauch von Desinfektionsmitteln einholen, zum Beispiel bei ihrem Hausarzt oder Apotheker.

**Einfache Methoden, mikrobielles Wachstum zu Hause ohne Desinfektionsmittel zu kontrollieren**

1. Temperaturen ab 70 °C: Kochen, braten, heiß waschen
2. Energiereiche Strahlung: Sonnenlicht (UV-Strahlung), Mikrowellen
3. Wasserentzug: Trocknen, Lüften, Einsalzen, Einzuckern
4. Säuren oder Laugen: Essig, Zitronensäure, Salzsäure, Seife, Ammoniak
5. Kälte und Frost: Kälte verlangsamt Wachstum, Frost tötet (aber schlechter als Hitze!)
6. Tenside: Seife, Wasch- und Reinigungsmittel
7. Mechanisches Reinigen sensibler Stellen
8. Regelmäßiges Ersetzen sensibler Gegenstände (etwa des Küchenschwamms)

# Es geht ein Keim auf Reisen

Es hat manchmal auch einen Vorteil, in einer Kleinstadt wie Schwenningen zu wohnen. Die meisten Ziele sind fußläufig zu erreichen oder erfordern allenfalls eine fünfminütige Autofahrt. Das bedeutet vor allem: Man kann, wenn es sein muss, öffentliche Verkehrsmittel meiden. Und ich finde, das muss sein – gerade in der Grippesaison!

Hier spricht sicher ein ausgemachter Hypochonder, aber als Kenner der Materie erlaube ich mir diese Schwäche. Denn grundsätzlich gilt, dass man sich vor allem in öffentlichen Verkehrsmitteln leichter mit Infektionskrankheiten, wie zum Beispiel der Grippe, anstecken kann. Insbesondere, wenn im Winter viele hustende und schniefende Menschen eng beieinanderstehen.

Mikroorganismen profitieren bei ihrer Verbreitung enorm von den modernen Verkehrsmitteln. Bei vergleichsweise harmlosen Erkältungen mag das nicht sonderlich alarmierend sein. Bei einer Grippe hört der Spaß jedoch auf. Eine Grippe ist kein Schnupfen (grippaler Infekt), sondern eine schwere Infektionskrankheit, mit hohem Fieber und Schmerzen, die zu den typischen Erkältungssymptomen noch hinzukommen. Die erschreckende Bilanz der Grippesaison 2017/2018: 1665 Tote.

Nur mal zum Vergleich: Im Jahr 2011 starben in Deutschland 53 Menschen an einer Infektion mit EHEC, enterohämorrhagischem *Escherichia coli*. Als Auslöser wurden kontaminierte Bockshornkleesprossen aus Ägypten identifiziert. Im Mai und Juni 2011 stand Deutschland gefühlt am Rand einer Massenpanik, weil eine Ursache zunächst nicht gefunden werden konnte. Das soll auf keinen Fall den Ernst dieses Vorfalls relativieren. Es zeigt aber einen interessanten psychologischen Effekt: Das Wort »Grippe« löst erstaunlicherweise bei vielen Menschen kaum mehr Sorge aus. Offenbar wird die Grippe weitgehend als Erscheinung des Winters und etwas intensivere Erkältung hingenommen. Aber das ist sie nicht.

Damit ich nicht in Verdacht gerate, ich wollte hier das Angebot des Verkehrsverbundes Schwarzwald-Baar schlechtreden: Generell ermöglicht die weltweite Vernetzung heutzutage eine viel schnellere Verbreitung von Erregern und Infektionskrankheiten, als es früher der Fall war.

## Keime reisen im Rekordtempo

Heute verknüpft das Netz des globalen Flugverkehrs weltweit mehr als 4000 Flughäfen. Den Reisenden stehen gut 2500 Verbindungen zur Verfügung. Über drei Milliarden Passagiere werden jährlich transportiert, die insgesamt mehr als 14 Milliarden Kilometer pro Tag zurücklegen. Hinzu kommen noch eine unüberschaubare Vielzahl von Zugverbindungen, der weltweite Schiffsverkehr und natürlich nicht zuletzt der Verkehr auf der Straße.

Nie zuvor in der Geschichte der Menschheit war es für einen gefährlichen Erreger so einfach, von A nach B zu gelangen – ob nun an Bord eines Interkontinentalfluges oder auf dem Sitz eines öffentlichen Busses in Schwenningen.

Ein besonders prägnantes Beispiel für die Evolution des weltweiten Transfers pathogener Mikroben ist die Pestepidemie, die in der Mitte des 14. Jahrhunderts in Mitteleuropa wütete und zwischen 25 und 50 Millionen Menschen das Leben kostete. Zwar wurde die Verbreitung des Schwarzen Todes schon damals durch den globalen Seeverkehr begünstigt. Über Handelsrouten, die zwischen den Mittelmeerhäfen und dem Krimdelta etabliert waren, gelangte *Yersinia pestis* unaufhaltsam von Asien nach Europa. Doch dazu brauchte der Erreger vermutlich Jahrzehnte.

Weil sich die Menschen in Europa im 14. Jahrhundert fast ausschließlich lokal bewegten, fiel die Pest im Schleichgang über die Menschen her. Nach neuester Berechnung breitete sie sich in gleichmäßigen Wellenbewegungen von Süden nach Norden aus, mit einer Geschwindigkeit von etwa vier bis fünf Kilometern pro Tag.

Andere Seuchen brauchten ähnlich lange. Das führte zu einer weitverbreiteten Verwirrung über den Ursprung der Plagen. Der Mikrobiologe Jörg Hacker hat das treffend anhand der Geschlechtskrankheit Syphilis dargestellt, die im späten 15. Jahrhundert in Europa wütete: »Die Syphilis wurde in Frankreich als Neapolitanische Krankheit bezeichnet, in Neapel aber als Französische Krankheit. In England wurde die Syphilis ›Morbus Gallicus‹, aber auch ›Spanish Disease‹ genannt, in Portugal ›El mal de los castellanos‹, in Polen ›Deutsche Krankheit‹ und in Russland ›Polnische Seuche‹.«

## Kreisförmige Seuchenausbreitung

In moderner Zeit kommen Seuchen viel schneller voran: etwa 100 bis 400 Kilometer pro Tag. Doch den Ursprungsort einer

Epidemie zu lokalisieren stellt noch immer eine große Herausforderung dar.

Der Physiktheoretiker Dirk Brockmann von der Berliner Humboldt-Universität und der Soziologe Dirk Helbing von der ETH Zürich entwickelten ein mathematisches Modell, mit dem sie die Ausbreitung von Seuchen vorhersagen können. »Verborgene Geometrie« nennen sie jene verschlungenen Pfade, mit denen sich pathogene Keime im 21. Jahrhundert über den Erdball bewegen.

Aufgrund der komplexen Struktur moderner Mobilität schien es zunächst, als ließen sich über den Vernichtungszug einer Seuche kaum Vorhersagen treffen. Doch Brockmann und Helbing fanden heraus, dass sich sehr wohl ein Muster prognostizieren lässt. Demnach breiten sich Seuchen in kreisrunden Bewegungen aus, die mit jenen konzentrischen Kreisen vergleichbar sind, die bei einem Steinwurf im Wasser entstehen.

Die beiden Wissenschaftler führten mit ihrem Modell einen Begriff ein, der Entfernung zumindest in Bezug auf die Bewegung von Mikroorganismen neu definiert. Mit der Formel von der »effektiven Distanz« tragen sie der Tatsache Rechnung, dass in unserer Zeit die Qualität der verkehrsmäßigen Anbindung mindestens so bedeutend ist wie die absolute Entfernung in Kilometern. Eine sehr interessante Beobachtung, die ich aus leidvoller Erfahrung bestätigen kann.

Besteigt man etwa einen Zug am Schwenninger Bahnhof – sofern man dieser Haltestelle die aufwertende Bezeichnung »Bahnhof« überhaupt angedeihen lassen möchte –, so braucht man etwa zwei Stunden, um den rund 100 Kilometer entfernten Flughafen in Stuttgart zu erreichen. In der gleichen Zeit fliegt man locker von Stuttgart ins über 500 Kilometer entfernte Paris, steigt in aller Ruhe aus dem Flugzeug und kauft sich beim Flughafenbäcker sein erstes Croissant.

## Nahezu sterile Luft im Flugzeug

Flugzeuge sind ein zwiespältiges Verkehrsmittel, wenn es um die Verbreitung von Keimen geht. Ein Düsenjet kann beispielsweise in Windeseile einen exotischen Erreger mit einem Fluggast von einem abgelegenen Ort der Erde nach Deutschland bringen. So wurde die Epidemie des Schweren Akuten Respiratorischen Syndroms (SARS) innerhalb weniger Wochen von Südchina bis nach Europa und Kanada verschleppt. Im Frühjahr 2003 breitete sich dieses durch einen Virus aus der Gruppe der Corona-Viren ausgelöste Atemwegssyndrom zunächst entlang der großen Flugrouten aus.

Andererseits begegnet man in den Fliegern selber weit weniger Bakterien und Keimen, als man annehmen könnte. Die höchste Mikrobendichte findet sich offenbar auf den Klapptischen am Sitz. Allerdings sind die gut 300 Keime pro Quadratzentimeter keine Menge, die einen Mikrobiologen auch nur annähernd in Aufruhr versetzt.

Die Kabinenluft wird etwa alle zwei bis drei Minuten über HEPA-Filter (HEPA = High Efficiency Particulate Air) erneuert. Dadurch sollen nahezu 100 Prozent aller Bakterien in der Atemluft beseitigt werden. Eine ähnlich saubere Luft findet man sonst nur in Operationssälen.

Dass etliche Passagiere vor allem nach Langstreckenflügen über Erkältungssymptome klagen, ist vermutlich aber kein Hinweis auf besonders virulente Erreger in der Flugzeugluft. Stattdessen kann die sehr trockene Luft in klimatisierten Räumen die Schleimhäute austrocknen. Dadurch geraten Krankheitserreger leichter in unsere Atemwege. Doch das wird in der Regel erst zum Problem, sobald wir das Flugzeug wieder verlassen haben. Denn gerade die trockene Luft an Bord bietet Erregern nicht allzu große Überlebenschancen.

Wie Untersuchungen gezeigt haben, ist es tatsächlich gar nicht so leicht, sich in einem Flugzeug zum Beispiel mit Grippe-Erregern anzustecken. Amerikanische Wissenschaftler haben eine Simulation entwickelt, welche die Ausbreitung von Influenzaviren nach einer Niesattacke zeigt. Die Forscher haben dazu Beobachtungen der Bewegungen von Passagieren an Bord mit Kenntnissen der Mensch-zu-Mensch-Verbreitung von Grippe-Viren kombiniert.

Das überraschende Ergebnis: Alle Passagiere mit einem Abstand von mehr als zwei Sitzen zu einem Infizierten waren vor dem Keimangriff ziemlich sicher. Das hängt auch mit den Luftströmen in einem Flugzeug zusammen.

Die Luft wird mit der Geschwindigkeit von einem Meter pro Sekunde durch die Decke in die Kabine gepumpt. Unterhalb der Fenstersitze wird sie wieder abgesaugt. So entsteht ein laminarer Strom, der von oben nach unten geführt wird. Dadurch gibt es weder in Seitwärts- noch in Längsrichtung einen horizontalen Luftstrom.

Bei derselben Studie untersuchten die Forscher unter anderem während der Grippesaison auf zehn Interkontinentalflügen das Vorkommen der 18 häufigsten Verursacher von Atemwegserkrankungen. Es wurden jedoch keinerlei Erreger in der Kabinenluft gefunden.

## Malaria – Importkrankheit Nr. 1 in Deutschland

Doch es gibt auch eine andere Tatsache: Das Robert Koch-Institut in Berlin registriert seit einiger Zeit pro Jahr bis zu 1000 neue Malaria-Fälle in Deutschland. Und die kommen mit dem Flugzeug ins Land.

Das sogenannte Sumpffieber gilt in Deutschland eigentlich

als besiegt. Bis kurz nach dem Zweiten Weltkrieg war eine Verlaufsform der Malaria allerdings auch hierzulande verbreitet. Insbesondere in der von wiederkehrenden Überschwemmungen versumpften Landschaft des Rheintals konnte der Erreger *Plasmodium vivax* gedeihen. Übertragen wurde der Parasit durch die weibliche Anophelesmücke, die auch heute noch hier heimisch, wenn auch selten ist.

Prominentestes Opfer der Malaria war einst der Dramatiker Friedrich Schiller, der sich als junger Theaterdichter in Mannheim mit dem »kalten Fieber« angesteckt hatte. Gegen die Fieberschübe kaute der Autor Chinarinde. Lebensbedrohlich war aber wohl weniger die Malaria, sondern eine selbstverordnete Therapie, mit der sich Schiller um ein Haar zugrunde gerichtet hätte. Wochenlang löffelte er nur Wassersuppe, sodass er aufgrund dieser Magerkur schon bald völlig entkräftet war.

Erst mit der im frühen 19. Jahrhundert begonnenen Begradigung des Rheins und anderer Gewässer und der Austrocknung diverser Feuchtgebiete ging die Malariaplage zurück.

Deutsche Touristen brachten die Malaria jedoch von ihren Fernreisen wieder ins Land. Meistens handelte es sich dabei um den lebensbedrohlichen Erreger *Plasmodium falciparum*. Nach Einschätzung des Robert Koch-Instituts steht Malaria damit an erster Stelle der nach Deutschland importierten Infektionskrankheiten. Könnte sich die bedrohliche Form der Tropenkrankheit auch bei uns wieder ausbreiten?

Dazu müsste der Erreger in Kontakt kommen mit seinem potenziellen Überträger, der Anophelesmücke. Kein völlig ausgeschlossenes Szenario, aber ein unwahrscheinliches. Denn diese Mücke ist – anders als die Gemeine Stechmücke – in Deutschland nicht sehr verbreitet. Zudem ist eine Malaria-Erkrankung meldepflichtig. Betroffene müssen umgehend behandelt werden. Eine Übertragung von Mensch zu Mensch ist nicht möglich.

Seit einiger Zeit bemerken Tropenmediziner auch die Rückkehr der durch den Erreger *Plasmodium vivax* ausgelösten Malaria-Form. Doch deutet sich damit offenbar kein Comeback der Seuche an. Der altbekannte Erreger werde durch Flüchtlinge aus Eritrea ins Land gebracht, wie die Experten festgestellt haben. Allerdings besteht auch in diesen Fällen keinerlei Ansteckungsgefahr.

## Ein Magenkeim zieht um die Welt

Von rechten Kreisen wird mit Vorliebe die Sorge geschürt, dass Flüchtlinge gefährliche Seuchen ins Land einschleppen könnten. Eine perfide Art der Demagogie, die sich nach Meinung der Experten in keiner Weise mit der Realität deckt. Was diese Menschen mitbringen, seien auch uns wohlvertraute Zivilisationsleiden wie Bluthochdruck oder Zahnerkrankungen – und häufig posttraumatische Belastungsstörungen infolge der Erlebnisse in ihren Heimatländern. Die Suche nach Sündenböcken in Zusammenhang mit Seuchen hat allerdings Tradition. Für die Pestepidemie im 14. Jahrhundert wurden die Juden verantwortlich gemacht und in ganz Europa mit Pogromen verfolgt.

Es ist deshalb besonders wichtig, daran zu erinnern, dass der Hang zur Mobilität dem Homo sapiens geradezu in den Genen steckt: Vor etwa 60 000 Jahren machte er sich von Afrika aus auf, um die Welt zu entdecken. Und überall, wo er hinging, nahm er seine Bakterien mit. Die bemerkenswerteste Entdeckung aus der jüngeren Vergangenheit ist in dieser Hinsicht die Beschreibung des Bakteriums *Helicobacter pylori*, die den australischen Mikrobiologen Barry Marshall und Robbie Warren im Jahr 2005 den Nobelpreis für Physiologie oder Medizin (sic!) einbrachte.

Etwa die Hälfte der Menschheit wird von dieser Mikrobe besiedelt, die sich ihrerseits im sauren Umfeld des Magens eingerichtet hat und dort beispielsweise Geschwüre oder Krebs auslösen kann. Die Weitergabe des Bakteriums erfolgt nicht beliebig von Mensch zu Mensch. Vielmehr wird es bevorzugt von Eltern auf ihre Kinder übertragen. Dieser Vorgang ist als »vertikale« Transmission bekannt.

Wissenschaftler konnten nachweisen, dass Menschen von unterschiedlichen, charakteristischen *Helicobacter pylori*-Stämmen besiedelt sind. Anhand der Ähnlichkeiten der Stämme ist es nun möglich, verschiedene Wanderungsbewegungen der Menschheit nachzuvollziehen. Heutige Europäer tragen beispielsweise einen *Helicobacter*-Stamm in sich, der sich nach bisherigen Erkenntnissen vor über 10 000 Jahren im Nahen Osten durch Vermischen eines afrikanischen mit einem asiatischen Bakterienstamm bildete.

Auch aus dem Magen der 5300 Jahre alten Gletschermumie »Ötzi« isolierten Forscher *Helicobacter pylori*-Erbgut. Anders als erwartet, besaß der Bewohner aus der späten Jungsteinzeit jedoch einen Bakterienstamm, der sich heute vor allem den Bewohnern Zentral- und Südasiens zuordnen lässt.

Aus dieser Entdeckung ziehen die Wissenschaftler eine Schlussfolgerung: Die Besiedlung Europas verlief wohl komplexer als bisher angenommen. Für mich zeigt das wieder einmal: Jene Konstrukte, die wir heute unter Begriffen wie »Nation« und »Volk« als geradezu naturgegeben hinnehmen, sind selbst gemessen an der jüngeren Geschichte der Menschheit ziemlich neumodische Erfindungen.

**Schutz vor Infektionskrankheiten in öffentlichen Verkehrsmitteln**

- Impfungen wahrnehmen (zum Beispiel gegen Grippe)
- Nach der Fahrt Hände waschen
- Kontakt mit offensichtlich Kranken so gut es geht vermeiden (Zeitung lesen schützt)
- Sich selbst hygienisch verhalten: nicht schwer krank reisen, niesen und husten in Taschentuch oder Armbeuge

Der Mensch selber ist auch auf Reisen eine der größten Keimquellen. Seine charakteristische Mikrobenflora, inklusive Krankheitserregern, nimmt er dabei mit.

# Keime im Fitnessstudio – oder ist Sport doch Mord?

Im Spätherbst des Jahres 1997 warten die Fans von Borussia Dortmund auf die Rückkehr eines der größten Leistungsträger des Vereins. Matthias Sammer, damals 30 Jahre alt, hatte sich in einem Bundesligaspiel am Knie verletzt und kurz darauf zu einer Operation nach Berlin begeben. Ein Routineeingriff, wie es schien.

Was zu diesem Zeitpunkt niemand ahnte: Sammer, Star des BVB und der deutschen Nationalmannschaft, würde als Spieler nie wieder einen Rasen betreten. Noch weniger bekannt ist, dass Sammer mit dem Tode rang, während man andernorts die Tage bis zu seinem Comeback zählte.

Kurz nach der Operation schwoll das Knie des Sportlers auf groteske Weise an. Die Ärzte reagierten irritiert. Wie sich herausstellte, hatte sich Sammer mit einem multiresistenten Keim infiziert, der sich nun durch den Knorpel seines ohnehin lädierten Knies fraß. Nach und nach versagten alle Antibiotika, mit denen die Mediziner die plötzlich lebensgefährliche Infektion am Entzündungsherd stoppen wollten.

Schließlich verblieb ein einziges Reservepräparat, das den Fußballer retten konnte. Und das Wunder geschah: Das Mittel schlug an, Matthias Sammer überlebte. Ein großes Glück. Etliche andere Patienten haben die Infektion mit einem multiresistenten Keim nicht überlebt. Zwischen 1000 und 4000 Patienten sterben pro Jahr in deutschen Kliniken nach Infektionen mit multiresistenten Keimen.

Was Sammers Fall besonders macht: Der Sportler wurde unfreiwillig zu einer Art Pionier bei einem Thema, das inzwischen allgemein bekannt ist und zu Recht große Beunruhigung auslöst. Doch im Jahr 1997 wussten die wenigsten, welche Bedeutung sich hinter der Buchstabenkombination MRSA verbirgt.

Das Kürzel steht für Methicillin- oder auch Multiresistenter *Staphylococcus aureus*. Staphylokokken sind Hautkeime. Schätzungen gehen davon aus, dass bis zu 50 Prozent der Bevölkerung mit *Staphylococcus aureus* besiedelt sind. Das ist zunächst kein Grund zur Panik. Beim Menschen kommt der Keim vor allem auf Haut und Schleimhäuten, zum Beispiel in der Nase, vor. Allerdings sind etwa 10 bis 25 Prozent aller *Staphylococcus aureus*-Stämme, die bei Infektionen isoliert werden, bereits multiresistent.

## Gefährliche Siedler auf der Haut

Doch MRSA macht Normalgesunde nicht gleich krank wie viele andere Infektionserreger. Problematisch wird es erst, wenn die Immunabwehr eines Patienten schwer angegriffen ist. Oder wenn der Keim in eine Wunde gerät, so wie es bei Matthias Sammer offenbar der Fall war.

Dabei ist völlig offen, woher der MRSA stammt, der Europas Fußballer des Jahres 1996 die Karriere kostete. Es ist durchaus denkbar, dass der Keim schon eine ganze Weile ohne Folgen auf seiner Haut siedelte. Generell kann sich jeder Mensch mit einem MRSA infizieren. Sportler mögen gleichwohl stärker betroffen sein, zumal, wenn sie einen Kontaktsport ausüben.

Auch sind Sportler im Durchschnitt häufiger im Krankenhaus wegen Verletzungen oder anderer Behandlungen, wie beispielsweise einer Physiotherapie. Außerdem halten sie sich immer wieder an Orten auf, an denen sich die hygienischen Zustände mitunter am Rande des Wünschenswerten befinden: etwa in Umkleidekabinen oder Fitnessräumen.

Die Geschichte von Matthias Sammer hat zwar wegen der persönlichen Dimension des Falles Betroffenheit ausgelöst. Die Dramatik der MRSA-Infektion hatte der Sportler selbst erst in jüngerer Vergangenheit publik gemacht. Doch zu einer nennenswerten Diskussion hat die Geschichte nicht geführt.

Das ist in den Vereinigten Staaten ganz anders. Diverse Fälle von MRSA-Infektionen in den höchsten Ligen von Sportarten wie Basketball, Eishockey und American Football haben offenbar die Verantwortlichen in Vereinen und Verbänden davon überzeugt, dass dieser Superkeim eine ernste Gefahr darstellt.

Wie die *New York Times* berichtete, hat die US-amerikanische Profiliga im American Football, die National Football League (NFL), einen 315-seitigen Leitfaden herausgegeben, der helfen soll, Infektionen mit MRSA zu verhindern. Penibel sind dort Hygienevorschriften aufgelistet, bis hin zu der Methode, mit der Desinfektionsmittelspender befüllt werden sollen.

Als Hautkeime sind Staphylokokken überall dort anzutreffen – und damit auch MRSA –, wo Menschen sich oder einen Gegenstand berühren. An den traditionell sportaffinen US-Universitäten wird deshalb nach Mitteln und Wegen gesucht, um die potentielle Ausbreitung von Keimen im Wortsinne im Keim zu ersticken. Es kommen etwa so hochmoderne und kostspielige Methoden wie die Desinfektion von Sportgeräten mit Ozon zum Einsatz, denn Ozon tötet Bakterien sehr effektiv.

Im Breitensport sind solche teuren Interventionen jedoch kaum zu erwarten. Das könnte sich zu einem Problem entwickeln. Denn wir leben in einem Zeitalter, in dem Freizeitsportler ihr Training in einem Umfang betreiben, das mitunter schon professionelle Standards erreicht. 2017 waren rund 10,6 Millionen Menschen in einem der gut 8988 Fitnessclubs in Deutschland aktiv. Laut einer Umfrage trainiert eine große Anzahl an Fitnessstudio-Mitgliedern mehrmals wöchentlich.

Diese Hobby-Athleten sind im Grunde kaum weniger gefährdet, mit möglicherweise gefährlichen Pathogenen in Berührung zu kommen, als Profis. Die wenigen bislang durchgeführten Studien in Fitnessstudios haben Keimbelastungen zutage gefördert, die durchaus aufhorchen lassen.

Eine Untersuchung fand etwa pro Quadratzentimeter mehr als 200 000 Keime auf Laufbändern und Trainings-Fahrrädern sowie knapp 180 000 Keime pro Quadratzentimeter auf Hanteln. Molekulare Analysen aus Fitnessstudios bestätigen, dass es sich dabei hauptsächlich um typische Hautbakterien wie Staphylokokken handelt. Und auch MRSA wird in Fitnessstudios regelmäßig gefunden.

Wie ist diese exorbitante Keimdichte zu erklären?

In der häufig warmen Umgebung eines Fitnessstudios gibt der Körper maximal viele Ausdünstungen ab: durch die Atemluft beim angestrengten Schnaufen, durch Speichel und insbesondere durch Schweiß.

Beim Sport entsteht vor allem sogenannter ekkriner Schweiß zum Kühlen der Haut. Diese Schweißart besteht aus Wasser, Salzen, kleinen organischen Molekülen wie Milchsäure, Aminosäuren, Harnstoff und Peptiden. Mund und Haut gehören zu den am dichtesten mit Bakterien besiedelten Stellen unseres

Körpers. Unter der Achsel finden sich bis zu eine Million Mikroben pro Quadratzentimeter.

Schweiß ist kein besonders mikrobenfreundliches Milieu, weil er sauer und salzhaltig ist. Doch Haut-Mikroben sind an ein Leben mit diesem Hautsekret gut angepasst. Womöglich spült Schweiß auch Mikroben aus tieferen Hautschichten nach oben, sodass mehr Mikroben auf Flächen übertragen werden, wenn man sie mit verschwitzter Haut berührt.

Umso wichtiger wäre es, dass fundamentale Hygieneregeln während und nach dem Training eingehalten werden (siehe Kasten S. 173). Stattdessen beobachten Trainer jedoch insbesondere bei jüngeren Leuten die bedenkliche Verhaltensweise, gleich nach dem Training ungeduscht wieder in Straßenkleidung zu schlüpfen. Der Grund dafür könnte allerdings gerade darin liegen, dass die Betroffenen die Nutzung der wenig anheimelnden Duschräume scheuen.

Bedeutsam könnte auch ein anderer Trend unter vornehmlich jüngeren Leuten sein: Durch die Ganzkörperenthaarung mittels einer Rasur erhöht sich das Risiko für Schnitte und Risse, durch die Keime in den Organismus gelangen können.

## Quarantäne für MRSA-Träger?

Im klinischen Bereich ist in Deutschland die Zahl der MRSA-Infektionen anscheinend leicht rückläufig. Die Krankenhäuser hierzulande haben teils sehr drastische Maßnahmen ergriffen, um die Ausbreitung multiresistenter Keime zurückzudrängen. Doch wie die Untersuchung eines Expertenteams um den Kölner Infektiologen Gerd Fätkenheuer gezeigt hat, sind offenbar nicht alle Methoden wirklich sinnvoll.

Die gründliche Desinfektion der Hände und tägliche Waschungen zur gezielten Dekolonisierung von Risikopatienten zeigten einen nachweisbaren Effekt und erwiesen sich in dieser Untersuchung als die wirksamsten Methoden zur Eindämmung von MRSA.

Doch Screenings, also das Testen vermeintlicher Risikogruppen auf MRSA, und die Isolation von MRSA-positiven Patienten im Krankenhaus haben sich bei dieser Studie als kaum zu empfehlende Maßnahmen erwiesen. Das Team um Fätkenheuer geht sogar davon aus, dass beispielsweise eine Quarantäne für MRSA-Träger negative Folgen im Hinblick auf deren Heilungserfolg hat. Die Erklärung dafür ist so banal wie einleuchtend: Durch die Stigmatisierung komme es zu weniger Arztbesuchen und die Selbstheilungskräfte würden abnehmen.

Wie es in der Allgemeinbevölkerung aussieht, darüber lassen sich kaum belastbare Zahlen finden. Viele Menschen wissen beispielsweise oft gar nicht, dass sie von einem gefährlichen Keim besiedelt werden. Meistens ist der Schock groß, wenn sich bei einer Untersuchung zufällig herausstellt, dass ein MRSA auf dem Körper vorhanden ist.

Begriffe wie »Quarantäne« und »MRSA-positiv« lassen, verbunden mit der berechtigten Warnung vor der Gefährlichkeit multiresistenter Keime, leicht an HIV und AIDS denken. HIV und AIDS haben jedoch in negativer Hinsicht eine ganz andere Qualität. HIV überträgt sich durch Blut und führt zu einer lebensbedrohlichen, bis heute nicht heilbaren Immunschwäche. MRSA-Infektionen sind indes noch in vielen Fällen heilbar. MRSA können sogar von allein wieder verschwinden. Etwas, das man über das HI-Virus leider nicht sagen kann.

Insofern ist eine MRSA-Besiedlung kein Drama. Ernst nehmen muss man sie allerdings dennoch. Es ist möglich, den Betroffenen komplett von dem Keim zu sanieren, wie es in der Fachsprache heißt. Dazu ist neben der Behandlung mit einem passenden antibiotischen Präparat eine circa einwöchige strenge Wasch- und Reinigungsroutine zu Hause erforderlich. Ob so eine MRSA-Therapie tatsächlich durchgeführt werden muss, hängt von der individuellen Krankengeschichte des Patienten ab.

## Jeder Einzelne kann Resistenzen fördern

Kann denn der einzelne, unschuldig Sport treibende Normalbürger überhaupt etwas tun, damit sich das Problem der multiresistenten Keime nicht weiter verschlimmert?

Klare Antwort: Ja, das kann er!

Unser Umgang mit Antibiotika ist häufig schlicht verantwortungslos. Dazu muss man wissen: Jeder Mensch kann durch sein Verhalten eine Antibiotika-Resistenz in einem Bakterien-Stamm fördern.

Wer aus nichtigen Gründen, etwa wegen einer Erkältung, ein Antibiotikum einwirft, das Medikament während einer Behandlung nicht strikt bis zur letzten Tablette einnimmt und den Rest einer Packung gar noch in der Toilette entsorgt, fördert die Entstehung gefährlicher Superkeime.

Denn dieses Verhalten trägt dazu bei, dass die üblichen Dosierungen nicht mehr ausreichen, um alle Krankheitserreger abzutöten. So können die unempfindlichen Bakterien überleben und sich weiter verbreiten. Je häufiger ein Antibiotikum eingenommen wird, desto größer der Anteil unempfindlicher Keime unter den Bakterien. Schließlich entsteht ein resistenter Bakterienstamm, bei dem das Antibiotikum nicht mehr wirkt.

Weil sich die Krankheitserreger rasant vermehren und ihre Widerstandsfähigkeit mit ihrem Erbgut an andere Bakterien weitergeben, kann sich eine Antibiotika-Resistenz sehr schnell ausbreiten.

Stimmt also doch die alte »Sport ist Mord«-These? Nein, aus Angst vor multiresistenten Keimen keinen Sport mehr zu machen wäre grundfalsch.

Sport ist wegen seiner stärkenden Wirkung für das Immunsystem nachweislich gesundheitsfördernd und schützt uns vor Infektionskrankheiten. Empfohlen werden von Fachleuten mäßige Einheiten von beispielsweise 15 bis 25 Kilometer Laufen, verteilt auf drei bis vier Mal pro Woche.

Ich hoffe sehr, dass meine Frau diesen letzten Absatz übersieht. Als ich aus Fitnessgründen zum letzten Mal Turnschuhe angezogen habe, gab es, wenn ich mich recht erinnere, noch die D-Mark.

**Hygiene-Tipps für das Fitness-Studio**

- Hände nach dem Training waschen, auch nach der Toilette (an die Trainingspartner denken)
- Mehrere Handtücher mitbringen, um sich auf die Geräte zu setzen (zweifarbig: eine Seite fürs Gerät, eine fürs Draufsetzen), um sich den Schweiß abzuwischen, fürs Abtrocknen nach dem Duschen
- Füße nach dem Duschen gut abtrocknen, auch zwischen den Zehen; Badelatschen benutzen (Fußpilzprophylaxe)
- Nicht krank trainieren; Wunden abkleben
- Sportkleidung, Handtücher etc. nach dem Training waschen, idealerweise bei 60 °C mit Pulver. Funktionswäsche so warm wie möglich waschen. Spezieller Hygiene-Spüler ist nicht nötig. Wäsche gut trocknen lassen, auch die Schuhe

- Ein Studio sollte seine Geräte regelmäßig reinigen (Hygieneplan erfragen)
- Hände weg von Anabolika, sie schwächen das Immunsystem

# »Papa, sind das Würmer?!«
# Kinder, Haustiere und Parasiten

Es mag auf den ersten Blick verwegen erscheinen, Kinder und Haustiere in einem Atemzug zu nennen. Allerdings wird sich zeigen: Beide sind bisweilen in ähnlicher Weise herausfordernd für die häusliche Hygiene.

Ohne Frage: Tiere sind für die meisten gefährlichen Infektionskrankheiten verantwortlich, die Menschen sich einfangen. Doch die Schlimmsten davon stammen gewiss nicht von Hunden und Katzen, die nach wie vor die beliebtesten Haustiere in Deutschland sind.

Kinder indes können aus mikrobiologischer Sicht eine echte Anfechtung für die Familie sein. Sie missachten aus Passion alle Hygieneregeln, lecken ohne Hemmungen auch an Klobürsten, lehnen häufig das Händewaschen vehement ab und bringen unwillkommene Parasiten wie Madenwürmer und Kopfläuse ins Haus. Zudem gelten durchschnittlich zwölf Infekte pro Jahr bis zum dritten Lebensjahr als normal; etliche davon werden an Geschwister und Eltern weitergegeben.

Außerdem nicht zu unterschätzen: Die Gefährlichkeit und potenzielle Infektionsrate von Menschenbissen ist vermutlich mindestens so hoch wie die von Tierbissen. Das sollte man wissen, wenn einem der zweijährige Sohn in den Arm beißt, als wäre es ein Stück Wurst. Immer mit von der Partie: der bereits häufig erwähnte Übelkeim *Staphylococcus aureus*, mit dessen Auftauchen stets die Gefahr von Infektionen oder einer Blutvergiftung verbunden ist.

Noch interessanter sind aus wissenschaftlicher Sicht die pathogenen Wechselwirkungen zwischen Mensch und Tier. Krankheiten, die zwischen Tieren und Menschen ausgetauscht werden, heißen Zoonosen.

Gut zu wissen: Die Übertragung infektiöser Erreger funktioniert in beide Richtungen. Es ist also beispielsweise auch durchaus möglich, dass Herrchen oder Frauchen ihren gesunden Hund mit einem Erreger infizieren.

## Pathogene Keime aus dem Tierreich

Man weiß derzeit ziemlich sicher, dass rund 60 Prozent aller altbekannten Krankheiten des Menschen aus dem Tierreich stammen. Dazu zählen beinahe alle Plagen, die für negative Schlagzeilen sorgen und bei den meisten von uns Angst und Schrecken verbreiten. Hier eine kleine Auswahl: Tollwut, Hepatitis B und E, Vogel- und Schweinegrippe, Gelbfieber, Ebola, BSE, Frühsommer-Meningoenzephalitis, EHEC-Enteritis, Tuberkulose, Milzbrand, Pest, Malaria, Toxoplasmose, Bandwürmer …

Auch viele heute nur noch von Mensch zu Mensch übertragene Krankheiten gehen auf unseren engen Kontakt mit Nutz- und Haustieren zurück. In der Regel haben die Erreger, Bakterien, Viren oder einzellige Parasiten, schon länger im Tierreich existiert, bevor sie irgendwann in grauer Vorzeit auf den Menschen übergesprungen sind. Dort haben sich die Erreger erstaunlich gut akklimatisiert und an den Menschen als Wirt angepasst.

Die vornehmlich als Kinderkrankheit bekannten Masern gehen vermutlich auf ein Rinderpestvirus zurück, das im 11. oder 12. Jahrhundert mutierte – also zu einer Zeit, als der Mensch noch sehr eng mit dem Nutztier Rind zusammenlebte.

Auch haben Forscher inzwischen die Verbreitung des HI-Virus schlüssig rekonstruiert. Wahrscheinlich wurden Varianten des bei Affen vorkommenden SI-Virus (Simian Immunodeficiency Virus) im frühen 20. Jahrhundert mehrmals auf Menschen übertragen.

Etwa um das Jahr 1920 könnte in Kinshasa der heute weltweit verbreitete HIV-Typ entstanden sein, der sich dann zunächst über Jahrzehnte im Kongobecken ausgebreitet hat, bevor er in den 1960er-Jahren die Karibik und in den 1970er-Jahren Nordamerika erreichte.

Auch der Tuberkulose-Erreger *Mycobacterium tuberculosis* ist womöglich bereits vor Millionen Jahren vom Tierreich auf Vorfahren des Menschen übergesprungen.

Momentan sind rund 200 Zoonose-Erreger bekannt. Knapp zweieinhalb Milliarden Krankheitsfälle und gut zwei Millionen Tote jährlich weltweit gehen allein auf das Konto von nur 13 Erregern, die von Tieren auf den Menschen übertragen werden.

Für Mediziner, aber auch Epidemiologen und Mikrobiologen birgt das Feld der Zoonosen noch immer viele Unwägbarkeiten. In Deutschland fordern etwa Wissenschaftler nationale Datenbanken, mit denen sich Ausbrüche möglicher Epidemien früher erkennen oder gar voraussagen lassen. Man kann wohl auch davon ausgehen, dass es eine gewisse Dunkelziffer an Krankheitsausbrüchen gibt. Dazu zählen auch jene weitgehend unbeachteten Fälle, die sich in den eigenen vier Wänden ereignen.

## Kratzen, beißen, lecken – die große Infektionsgefahr

Die Immunisierung etlicher Haustiere, vor allem von Hunden und Katzen, hat dazu beigetragen, eine der schlimmsten Plagen wirkungsvoll zurückzudrängen: die Tollwut.

Wer mit seinem Haustier regelmäßig zum Tierarzt geht, ist in Bezug auf diverse Erreger vermutlich vor bösen Überraschungen gefeit; doch nicht jeder Tierhalter nimmt es so genau mit gebotenen Maßnahmen, wie zum Beispiel Entwurmungskuren.

Während sich die meisten Halter von Hunden zumindest um deren Herkunft und Stammbaum sorgen, herrscht bei Katzen auch in dieser Hinsicht häufig eine gewisse Nachlässigkeit. Katzen stehen jedoch Hunden bei der Übertragung von Krankheiten in nichts nach. Durch die spitzen Zähne der Mini-Tiger gelangen Pathogene beim Beißen sogar potenziell tiefer.

Wie im vorherigen Kapitel erwähnt, sind viele Menschen schockiert, wenn sich herausstellt, dass auf ihrer Haut ein gefährlicher, gegen Antibiotika resistenter Keim siedelt. Noch weniger jedoch rechnen Tierhalter damit, dass sich solche multiresistenten Keime auch im Fell ihrer geliebten Vierbeiner verstecken können. Es ist durchaus möglich, dass die potenziell lebensbedrohlichen Mikroorganismen von dort ihren Weg in eine Verletzung oder offene Wunde ihres Halters finden.

Darüber hinaus gibt es noch eine Reihe von Erregern, die unsere Haustiere an uns weitergeben können. Einen Normalgesunden werden sie nicht umbringen oder in nachhaltiger Weise schädigen. Doch sie können vorübergehend genau jene Art von Unwohlsein auslösen, die uns manchmal rätselhaft erscheint und für die wir keine Erklärung finden.

Das Bakterium *Capnocytophaga canimorsus*, das durch Tierbisse übertragen wird, kann bei Menschen mit einem gestörten Immunsystem zu schweren Komplikationen und sogar zum Tod führen. Bei einem milderen Verlauf können grippeartige Symptome wie Fieber, Muskelschmerzen, Erbrechen, Durchfall und Kopfschmerzen auftreten.

Die Katzenkratzkrankheit kann durch Kratz- oder Bisswunden über den Erreger *Bartonella henselae* auf den Menschen übertragen werden.

Nach einigen Tagen treten Symptome wie geschwollene Lymphknoten, Fieber, Schüttelfrost und Kopfschmerzen auf. Menschen mit angeschlagenem Immunsystem droht eine Hirnhaut- oder Herzklappenentzündung oder gar eine Blutvergiftung.

Der Fuchsbandwurm verursacht die für den Menschen potenziell lebensbedrohliche Zoonose »alveoläre Echinococcose«. Hunde und Katzen nehmen diesen Parasiten auf, indem sie beispielsweise eine infizierte Maus fressen. Die Tiere selbst zeigen in der Regel nach einer Infektion keine Symptome. Doch sie scheiden mit ihrem Kot die Eier des Wurms *Echinococcus multilocularis* aus. Der Mensch kann mit diesen Eiern schon durch kaum sichtbare Spuren des Tierkots in Berührung kommen. Eine Infektion ist auch durch Hand-Mund-Kontakt nach dem Streicheln eines infizierten Tieres, vor allem des Hinterteils, möglich.

Das Protozoon *Toxoplasma gondii* lebt und vermehrt sich vor allem im Katzendarm. Eine Infektion ist für Schwangere brandgefährlich, weil sie dem Fötus schweren Schaden zufügen kann. Allerdings ist nur die Erstinfektion gefährlich. Frauen, die nie zuvor mit dem Erreger in Kontakt gekommen sind, müssen sich während der Schwangerschaft von Katzen und rohem Fleisch fernhalten.

Wägt man jedoch Risiken und Nutzen gegeneinander ab, ist der positive Einfluss auf das Wohlbefinden durch Haustiere eindeutig höher zu bewerten. Sogar das Berliner Robert Koch-Institut, die höchste deutsche Instanz in Fragen der Einschätzung von Infektionskrankheiten, betont die positiven Aspekte der Haustierhaltung:

»Als gesundheitsfördernd gelten eine höhere Lebenszufriedenheit durch das Gefühl des Gebrauchtwerdens, Stressabbau durch Tierkontakt und Beobachtung, vermehrte körperliche Bewegung und mehr Sozialkontakte. Bei älteren und chronisch kranken Menschen verbessert sich nachgewiesenermaßen dadurch nicht selten der subjektive Gesundheitszustand.«

Wegen ihres positiven Einflusses auf Patienten und Betreute werden Tiere kontrolliert inzwischen sogar in Pflegeeinrichtungen und Krankenhäusern zugelassen.

Mittlerweile ist gut belegt, dass sich der Kontakt sowohl zu Nutz- als auch Haustieren mikrobiologisch positiv auf die Gesundheit auswirkt. Besonders spektakulär haben das amerikanische Wissenschaftler in einer Studie anhand der Lebensformen von Amischen und Hutterer nachgewiesen, die im *New England Journal of Medicine* veröffentlicht wurde.

Der ethnische Hintergrund der Angehörigen dieser protestantischen Religionsgemeinschaften ist sehr ähnlich: Die Amischen waren im 17. Jahrhundert aus der Schweiz nach Amerika ausgewandert, die Hutterer brachen im 18. Jahrhundert von Südtirol aus in die Neue Welt auf.

Beide Gruppen leben sehr zurückgezogen. Sie legen ähnlich viel Wert auf Sauberkeit, das Rauchen ist bei beiden Religionsgemeinschaften verpönt. Insofern waren die Forscher überrascht über die Tatsache, dass die Kinder der Amischen trotz weitgehend gleicher Lebensbedingungen vier- bis sechsmal seltener an Asthma und anderen Allergien erkranken als die Kinder der Hutterer.

Einen wesentlichen Unterschied gab es aber eben doch: Die Hutterer betreiben im Gegensatz zu den Amischen eine industrielle Landwirtschaft. Die Amischen kommen bei der Bewirtschaftung ihrer Felder gänzlich ohne Traktoren und Maschinen aus. Wohl noch entscheidender: Bei den Amischen befinden sich die Viehställe in der Nähe der Wohnung und die Kinder dürfen darin spielen. Die weit moderneren Viehställe der Hutterer liegen fernab der Wohnhäuser und die Kinder werden von ihnen ferngehalten.

Laut Untersuchung sind die Unterschiede auf den höheren Endotoxin-Gehalt im Hausstaub der Amischen zurückzuführen. Endotoxine sind Zerfallsprodukte, die aus der Zellhülle von Bakterien stammen und immunstimulierend wirken. Versuche mit Mäusen haben gezeigt, dass das angeborene Immunsystem der Nager durch die Konfrontation mit Endotoxinen zu einer Schutzreaktion veranlasst wurde.

Die enge Tuchfühlung der Amisch-Kinder mit den Tieren hatte sich also ausgezahlt. Gerade das Aufwachsen mit Tieren erscheint vorteilhaft. Den positiven und nachhaltigen Effekt auf kleine Kinder erklärt man sich damit, dass deren Mikrobiom und Immunsystem noch formbar ist. Eine Hypothese besagt, dass durch den engen Kontakt mit Tieren verschiedene Mikroorganismen, wie zum Beispiel bestimmte Milchsäurebakterien, sich im Darm der Kinder dauerhaft etablieren und dort deren Immunsystem stimulieren können.

Es gibt ja gerade bei Hunden die scherzhafte Beobachtung, dass sie sich mit zunehmendem Alter optisch ihren Herrchen oder Frauchen angleichen. Bezogen auf das Mikrobiom ist diese Angleichung sogar bewiesen.

Kindergeburtstage oder Grundschulfeste suche ich inzwischen ähnlich gerne auf wie südfranzösische Autobahntoiletten. Wenn ich Sätze höre wie: »Den Kartoffelsalat haben die Kinder selber gemacht«, möchte ich weglaufen. Auch zufällig aufgeschnappte Gespräche zwischen Mutter und Tochter, à la »Chantal, du kannst das ruhig essen, dein Durchfall von heute Morgen ist sicher schon wieder gut ...«, lösen bei mir diesen Fluchtreflex aus.

Dabei wäre es vermutlich gerade für einen Mikrobiologen angezeigt, ein bisschen mehr Toleranz zu demonstrieren. Kinder werden von allerlei Plagen heimgesucht, für die sie überhaupt nichts können. Und Eltern leiden schrecklich unter der vermeintlichen Peinlichkeit, die damit einhergeht.

Dafür nur zwei Beispiele. Beim Wandern mit der Familie im Allgäu kam mein damals siebenjähriger Sohn hinter einem Stein hervor und fragte: »Papa, ist es normal, dass in dem Aa viele weiße Würmer sind?«

Mit bis zu knapp über einen Zentimeter langen weißen Madenwürmern (*Enterobius vermicularis*) kommen Kleinkinder häufig auf Spielplätzen oder in Kindergärten in Kontakt. Die Eier finden sich durch Spuren von infizierten Kotresten in der Erde, im Sand oder auch an Spielzeug.

Durch die Neigung der Kleinkinder, sich Spielzeug oder Finger häufig in den Mund zu stecken, gelangt der Parasit in den Organismus.

Jeder Zweite macht in seinem Leben Bekanntschaft mit Madenwürmern, die den Menschen seit Tausenden von Jahren begleiten. Die Tiere schmarotzen im Darm. Weibchen kriechen nachts aus dem Anus und legen ihre Eier dort ab. Wegen des starken Juckreizes, der nun folgt, kratzen sich die Kinder an dieser Stelle blutig. Es bilden sich Entzündungsstellen, die wiederum aufgekratzt werden; dadurch gelangen die Eier an die Hände und wieder in den Mund und die Kinder stecken sich immer wieder selbst an – ein Teufelskreis.

Über das Ausschütteln der Bettwäsche können sich auch Erwachsene anstecken. Neben der Behandlung mit einem Anthelminthikum, einem Medikament gegen Wurminfektionen, sind in solchen Fällen einige wichtige hygienische Sofortmaßnahmen erforderlich.

- Bett- und Unterwäsche täglich waschen.
- Die Waschtemperatur sollte mindestens 60 Grad Celsius betragen und es sollte unbedingt ein Vollwaschmittel aus Pulver in die Maschine.
- Die Betten sollten nicht ausgeschüttelt werden.
- Die Fingernägel der Kinder kurz zu schneiden ist von Vorteil, weil dann die Gefahr des blutig Kratzens geringer ist.

Als Vater von drei Kindern habe ich relativ häufig mit anderen Eltern zu tun. Noch nie ist von denen freiwillig jemand mit dem Geständnis auf mich zugekommen: »Du, wir haben gerade die Madenwürmer im Haus.«

Recht ähnlich verhält es sich mit Kopfläusen. Die sind eine typische Kinderkrankheit und keineswegs ein Zeichen für mangelnde Hygiene. Unter der Lupe sehen diese Insekten zwar ziemlich fies aus, doch man wird sie leicht wieder los. Unter Anwendung eines Nissenkamms, der die Eier aus dem Haar zieht, und bei Verwendung eines Spezialshampoos ist die Kopflaus bald wieder verschwunden.

Doch von ihr heimgesucht zu werden ist ein derartiges Stigma, dass Kindergärten und Grundschulen sich weigern, die Quelle eines Kopflaus-Ausbruchs preiszugeben.

Eines der aus mikrobieller Sicht fragwürdigsten Tiere gelangt derweil ganz unverdächtig in die Wohnung – weil es so niedlich ist. In seinem Inneren hausen jedoch Keime in erschreckend hoher Zahl. Wissenschaftler der ETH Zürich untersuchten Quietsche-Entchen und fanden in 80 Prozent der untersuchten Spielzeuge potenziell krank machende Bakterien. In mehr als der Hälfte wuchsen diverse Pilze.

Zwischen 5 Millionen und 73 Millionen Bakterien pro Quadratzentimeter lebten in den Plastiktieren. Fast ein wenig entschuldigend teilten die Forscher mit, das Ergebnis ihrer Studie sei »nicht appetitlich«.

**Tipps für den hygienischen Umgang mit Haustieren**

⇒ Keine Küsschen geben, Wunden schützen
⇒ Trennung von Tisch und Bett (für die tierischen Partner)
⇒ Käfige und Klos mit Handschuhen reinigen und Staub nicht einatmen
⇒ Nach Tierkontakten Hände waschen
⇒ Biss- und Kratzwunden beobachten und bei Entzündungsverdacht zum Arzt gehen
⇒ Schutzmittel gegen Parasiten regelmäßig anwenden, Impfungen gemäß Tierarzt
⇒ YOPIs müssen wie immer besonders vorsichtig sein

# 4. Dr. Bazillus und Mr. Keim

## Eine kurze Abhandlung über die wahren Geißeln der Menschheit: Schweiß, Mundgeruch und Pickel

Mikroorganismen sind verantwortlich für die großen Geißeln der Menschheit. Aber was sind die wahren Geißeln? Sind es Pest, Cholera, Pocken, Tuberkulose und AIDS? Oder doch eher Pickel, Mundgeruch und Achselschweiß?

Im Jahr 2018 haben die Deutschen rund 17,1 Milliarden Euro für Kosmetik ausgegeben. Es gibt kaum einen krisenfesteren Markt als den für Cremes, Lotionen und Shampoos. Bevor sie auf Parfüm, Lippenstift oder Haarfärbemittel verzichten, sparen viele eher am Urlaub, Auto oder an Lebensmitteln.

Dabei gehören Kosmetika zu einem schwer fassbaren Graubereich. Ihr Reiz besteht vor allem in dem Versprechen, sich dank ihnen bedeutend besser und attraktiver zu fühlen. Wie genau diese Verbesserung zustande kommt, bleibt jedoch ein wenig nebulös.

Als ich im Jahr 2006 Laborleiter für die Analyse mikrobieller Gemeinschaften in der Abteilung für Mikrobiologie von Henkel wurde, war ich zunächst baff. Statt wissenschaftlicher Erwägungen definierten Gefühle und globale Trends die Ausrichtung der Kosmetik-Produkte. Auch redeten wir nicht von bestimmten chemischen Wirkstoffen oder Mikroben, sondern von »Frische«, »Pflege« oder »Glanz«.

Entsprechend klangen die Arbeitsaufträge: »Wir wollen ›doppelte Frische‹ ausloben, entwickeln Sie doch mal einen Test dafür.« Oder: »Machen Sie uns mal ein Konzept für ›100 Prozent mehr Glanz‹.«

## Will der Kunde betrogen werden?

Wenn der Kunde beispielsweise eine Gesichtsmaske auflegt, soll sich ein Zauber entfalten. Und das ist durchaus wörtlich zu verstehen. Denn insgeheim wissen die Kunden wohl, dass die Inhaltsstoffe des Produkts Falten weder verhindern geschweige denn rückgängig machen können.

Ich glaube sogar, die Kosmetikindustrie ist die einzige Branche, von der sich der Kunde wissentlich betrügen lässt. Sicher, die Werbeaussagen zu einem Produkt, sogenannte Claims, dürfen keine Lügen sein. Letztlich muss man die Werbeversprechen aber wohl ähnlich lesen wie einen Urlaubsprospekt. Man muss wissen, dass das »landesübliche Hotel in der quirligen Innenstadt« eine Herberge ohne jeden Komfort in einer lauten Umgebung ist.

Dienen Kosmetika wie beispielsweise Zahnpasta dazu, Krankheiten vorzubeugen, dann ist das durchaus erlaubt. Verboten ist jedoch, dass sie wie Medikamente durch die Haut dringen und systemisch im ganzen Körper wirken.

Man sollte sich im Klaren sein: In den großen Unternehmen,

die Kosmetika herstellen, geben die Marketingabteilungen den Ton an – nicht etwa die Forschungs- oder Entwicklungsabteilungen. Diese Tatsache kann einem Wissenschaftler frustrierende Erlebnisse bescheren.

Hat man beispielsweise für ein bestimmtes Produkt endlich eine Substanz gefunden, die recht günstig ist, nicht giftig oder Allergie-auslösend wirkt, auf der keine Konkurrenz-Patente liegen, die das Produkt nicht verfärbt oder auf eine andere unerwünschte Weise verändert, lange haltbar ist und vor allem super wirkt – dann ist es durchaus möglich, dass einem das Marketing einen dicken Strich durch die Rechnung macht.

## »White is the new green«

Um Kunden zu interessieren, braucht jedes Kosmetikprodukt eine »Story«. Das sind genau jene echten oder vermeintlichen Eigenschaften, die eine Creme oder eine Waschlotion zur Projektionsfläche für Kundenwünsche werden lassen. Wesentlich für die Story ist ein werbewirksamer Inhaltsstoff. Eine Zeit lang war das beispielsweise grüner Tee. Man darf bezweifeln, ob die Güte eines Produkts sich durch dessen Beigabe in irgendeiner Weise verändert hat. Doch der Tee stand für Attribute wie Gesundheit, Ausgeglichenheit und die Weisheit Asiens – für eine gewisse Zeit war das eine Story, die ausgezeichnet funktioniert hat. Aber dann ließ das Marketing uns urplötzlich wissen: »Ach nee, grüner Tee ist nicht mehr in ... Wir brauchen jetzt was mit weißem Tee. Wissen Sie, ›white ist the new green‹.«

Wir haben sehr viele potenzielle Inhaltsstoffe getestet. Einmal sogar Meteoritenstaub. Das wäre eine erstklassige Zutat für eine Story; leider bietet die exotische Substanz in einem Kosmetikprodukt ansonsten keinerlei Mehrwert.

Es gibt allerdings auch Kosmetik, die muss definitiv funktionieren. Mittel gegen Körpergeruch sind dafür das beste Beispiel. Nur mit einer Story allein würden sich diese Produkte nicht verkaufen. Wenn die »Performance« nicht stimmt, merkt das der Kunde sofort.

Der frische Schweiß eines Menschen ist geruchlos. Erst nach 15 bis 30 Minuten fängt er an zu riechen. Der Grund: Die Mikroorganismen auf der Haut und besonders in der Achsel zersetzen den Schweiß langsam. Dabei entstehen flüchtige Verbindungen wie Steroide, verzweigte Fettsäuren und Schwefelalkohole, die unsere Nase deutlich wahrnimmt.

Schweißgeruch ist sehr komplex zusammengesetzt. Es gibt aber einige Leitsubstanzen. 3-Methyl-2-Hexensäure (3M2H, eine organische Säure) ist die Leitkomponente im Schweißgeruch. Das ist der Geruch, den man registriert, wenn man morgens einer Putzkraft im Aufzug begegnet, die bereits seit Stunden in ihrem Synthetikkittel gearbeitet hat: muffig, säuerlich.

Daneben gibt es schwefelhaltige Substanzen (3-Methyl-3-Sulfanyl-Hexan-1-ol), die zwar nur in geringerer Konzentration im Schweiß vorkommen, aber von der trainierten menschlichen Nase noch in einem Verhältnis von einem billionstel Gramm pro Liter wahrgenommen werden können. Das ist beispielsweise die Konzentration, die man erhält, wenn man 50 Gramm 3-Methyl-Sulfanyl-Hexanol im Bodensee auflösen würde. Der scharfe, nach Ziege anmutende Geruch würde jeden Besucher des beliebten Gewässers umgehend in die Flucht schlagen.

## Dilemma im Kampf gegen Achselschweiß

Die Achsel ist ein idealer Lebensraum für Mikroorganismen: feucht, warm, geschützt, mit großer Oberfläche (durch die

Haare), nährstoffreich aufgrund vieler Drüsen. Hier werden die höchsten Keimdichten der Haut erreicht: mehr als 1 Million Keime pro Quadratzentimeter.

Die mikrobielle Vielfalt in der Achsel ist indes moderat. Rund 50 verschiedene Arten von Bakterien tummeln sich dort. Die häufigsten und für die Körpergeruchsentstehung wichtigsten sind die Corynebakterien und die Staphylokokken. Sie besitzen jene Enzyme, die aus Schweiß die Geruchsstoffe freisetzen können.

Schweiß erzeugt im Wesentlichen zwei Probleme: Achselnässe und Geruch. Gegen diese Probleme kennt die Kosmetikindustrie zwei Strategien: Deodorantien enthalten vor allem Alkohole, als antimikrobieller Wirkstoff gegen geruchsbildende Bakterien, und Parfüm zum Überdecken des Körpergeruchs. Als »Bodyspray« können sie über den ganzen Körper gesprüht werden.

Nachteil: Der Alkohol kann die Haut reizen, und gegen Nässe wirken Deodorantien nicht.

Antitranspirantien enthalten insbesondere Stoffe, die die sogenannten ekkrinen Schweißdrüsen verengen und verpfropfen, indem sie die Schweißproteine denaturieren. So bleibt die Achsel trocken. Zudem hemmen diese und weitere zugesetzte Stoffe Mikroorganismen. Nässe und Geruch werden unterbunden. Der wichtigste Wirkstoff ist hier Aluminiumchlorohydrat.

Nachteil: Aluminium-Ionen können toxisch wirken, auf Pflanzen wie Menschen. Die Toxizität von Aluminium wird beispielsweise mit dem Waldsterben in Verbindung gebracht, da der saure Regen verstärkt Aluminium-Ionen aus Tonmineralen im Boden freisetzt. Außerdem steht Aluminium im Verdacht, an der Entstehung von Alzheimer-Demenz und Brustkrebs beteiligt zu sein. Allerdings gibt es bislang keine Studie, die einen echten Zusammenhang oder gar einen Wirkmechanismus zwischen beiden Krankheiten und der Benutzung von Antitranspirantien aufgezeigt hat.

Trotzdem ist der Verbraucher sensibilisiert, und die Industrie sucht nach Ersatzstoffen für Aluminiumchlorohydrat. Allerdings ist meines Wissens momentan keine Alternative in Sicht, die auch nur in Ansätzen so gut gegen Nässe wirkt und gleichzeitig so günstig ist.

Das Aluminium hat bei den Kunden mittlerweile ein derart ramponiertes Image, dass sogar viele Deodorantien als »Al-frei!« markiert werden. Das waren sie aber schon immer.

Was kann man als Verbraucher tun, um sich vor etwaigen Al-Effekten zu schützen, wenn man nicht auf die gute Wirkung der Substanz verzichten will?

**Vernünftige Verwendung von Al-haltigen Antitranspirantien**

- Antitranspirantien mäßig, maximal einmal täglich, oder ein paar Mal wöchentlich nutzen, gegebenenfalls Deodorantien zusätzlich verwenden
- Nicht auf verletzter Haut (nach dem Rasieren) anwenden
- rasierte Achseln sind hygienischer, da sie schneller abtrocknen, den Mikroben weniger Aufwuchsmöglichkeiten und den Geruchsstoffen weniger Anheftungsmöglichkeiten bieten
- Anwendung abends führt zu einer verstärkten Wirkung aufgrund einer längeren Einwirkzeit durch die weitgehend inaktive Nachtruhe
- Achseln gut waschen (reduziert das Nährstoffangebot für die Bakterien)

- Weitere Aluminium-Quellen einschränken, beispielsweise über die Nahrung (keine sauren Speisen in Alufolie lagern, nicht rauchen ...)
- Absorbierende Textilien tragen, zum Beispiel T-Shirts als Unterhemden

## Neue Strategien gegen das Müffeln

Inzwischen weisen mehrere Studien darauf hin, dass Antitranspirantien neben den ins Gerede geratenen Al-Ionen noch einen weiteren Nachteil haben könnten: Anscheinend fördert ihr Einsatz unter der Achselhöhle den Anteil von Actinobakterien, zu denen die Corynebakterien als Hauptgeruchsbildner gehören.

Deshalb gibt es nun auch in der Körpergeruchsforschung die Hoffnung, in Zukunft nicht mehr primär nur auf antibakterielle Wirkstoffe zu setzen, sondern verstärkt prä- und probiotische Strategien in der Schweißbekämpfung zu entwickeln. Denkbar wäre etwa der präbiotische Einsatz von Wirkstoffen, die weniger stark oder gar nicht riechende Keime im Achselbereich fördern und so die stärker riechenden Vertreter verdrängen. Auch der direkte, also probiotische Einsatz solcher Bakterien wird diskutiert. Von vielen als Stinker bekannten Achselbakterien existieren verwandte Stämme mit deutlich weniger Hang zur Geruchsbildung.

Parallel zur Fäkal-Transplantation gibt es auch die Idee, eine stark riechende Achselflora durch eine im Geruch deutlich unauffälligere auszutauschen. Doch das ist derzeit nur wohlklingende Zukunftsmusik.

Einen Hauptteil meiner Forschung bei Henkel widmete ich der Suche nach chemischen wie auch natürlichen Stoffen, die

die enzymatische Freisetzung von Geruchsmolekülen aus den Bakterien gezielt hemmen. Triethylcitrat ist ein solcher Hemmstoff, der in vielen Deos und Antitranspirantien zum Einsatz kommt.

Die Idee dahinter: Zwar werden die problematischen Stinkenzyme gehemmt, die Bakterien selbst bleiben jedoch am Leben.

Das funktioniert aber bislang nicht recht. Und im Zusammenspiel mit Totschlägern wie Ethanol oder Aluminiumchlorohydrat ist es fast unmöglich, den Nutzen eines zusätzlichen Wirkstoffs zweifelsfrei zu belegen – vor allem, wenn er aus Kostengründen oft nur minimal eingesetzt werden kann. Das ist in etwa, als wollte man die Wirkung eines Streichholzes inmitten eines Waldbrandes messen.

Ein sehr interessanter Ansatz kam aus der Schweiz. Eine Parfüm-Firma koppelte Duftstoffe an schweißähnliche Substanzen, die dann von den bakteriellen Enzymen freigeknabbert wurden. Man benutzte also den Feind in der Achselhöhlenflora, damit sich dort Wohlgeruch entfalten konnte. Sehr clever, aber für die tägliche Hygiene-Routine viel zu teuer!

Auch die Forschung rund um die Müffelmikroben ist ein Beleg dafür, wie wenig wir im Grunde über Mikroorganismen wissen.

Eine meiner Lieblingsstudien kam damals von einem Mitbewerber, der Firma Beiersdorf (Nivea). Dort wurde ein Zusammenhang zwischen der Konsistenz des Ohrenschmalzes und der Intensität des Körpergeruchs erklärt. Dass beides miteinander zu tun haben könnte, war allerdings bereits 1937 dem japanischen Anthropologen Buntarō Adachi aufgefallen, der seine Beobachtung in der damals populären *Zeitschrift für Rassenkunde* publiziert hatte.

Asiaten haben demnach eher weißlich-trockenes Ohrenschmalz und wenig Körpergeruch, während Kaukasier wie wir eher zu stärkerem Körpergeruch und gelblich-öligem Ohrenschmalz neigen.

In ihrer Studie haben die Kollegen von Beiersdorf nachgewiesen, dass dasselbe Transporterprotein dafür verantwortlich ist, Schweißkomponenten durch Drüsen auf die Haut und das Schmalz ins Ohr zu bringen.

Bei vielen Asiaten ist dieses Protein allerdings durch eine Mutation gestört. Es ist erstaunlich, wie weit diese Mutation im asiatischen Raum verbreitet ist. Dieser Umstand wird in dem Aufsatz mit einem höheren Fortpflanzungserfolg jener Menschen erklärt, die geringen Körpergeruch haben. In Asien ist das Thema Körpergeruch tatsächlich viel stärker tabuisiert als bei uns.

## Die Schizophrenie des Kunden

Etliche der großen kosmetischen Geißeln haben wir aus mikrobiologischer Sicht längst im Griff. Die Produkte, die dafür auf dem Markt sind, würden eigentlich ausreichen. Die Konzerne wissen allerdings auch, dass der Kunde in seinem Konsumverhalten von einer gewissen Schizophrenie getrieben wird: Einerseits liebt er sein Produkt, an das er sich gewöhnt hat. Andererseits wollen die meisten Konsumenten immer wieder von Neuheiten überrascht werden.

Ich selbst bin äußerst empfänglich für diese Marketingstrategie. Sobald irgendwo auf einem von mir geschätzten Produkt ein »Störer« (also ein markanter Hinweis) auftaucht, der eine »neue Formel« oder »Jetzt mit Joghurt« verheißt, bin ich sofort dabei.

Moderne Duschgele sind ein gutes Beispiel dafür, wie Anbieter versuchen, mit Marketing-Tricks unsinnige Novitäten in den Markt zu drücken. Antimikrobielle Zusätze sind hier beispielsweise nicht nur unnötig, sondern sogar tendenziell schädlich. Denn die Haut braucht ihre vielfältige Mikrobenflora. Ein Duschgel erledigt seinen Job, wenn es die Haut reinigt, nicht austrocknet und dabei noch deren sauren pH-Wert erhält.

Akne ist die häufigste Hautkrankheit der Welt – und deshalb ein wunderbarer Markt für die Kosmetikindustrie. Für junge Leute, die sich mit Pickeln in die Schule begeben müssen, ist sie die Geißel schlechthin. Für Unternehmen der Hygiene-Industrie hingegen sind Hautunreinheiten eine großartige Gelegenheit, junge Kunden an sich zu binden.

Akne entsteht durch Talgdrüsen an Haarfollikeln, die unter Hormoneinfluss, etwa in der Pubertät, verstopfen und so einen Nährboden für Bakterien bilden. *Cutibacterium acnes* gedeiht in den verstopften, anaeroben Follikeln und führt zu Entzündungen.

Unreine Haut ist eine milde Form oder gar eine Vorstufe von Akne. Als Kosmetika helfen Waschgele, die die Haut mit Detergentien von überschüssigem Fett reinigen, sie peelen, die Poren öffnen und antimikrobiell wirken, wie zum Beispiel durch Salicylsäure und Benzoylperoxid.

Bei echter Akne versagen allerdings die Produkte der Kosmetikindustrie. Dann muss der Betroffene auf Hormone oder Antibiotika zurückgreifen sowie auf höher konzentrierte Benzoylperoxid-Cremes. Da nicht alle *Cutibacterium*-Stämme Akne auslösen, gibt es hier auch schon probiotische Ansätze.

## Warum es im Mund wie im Darm riechen kann

Der Mund ist nach dem Dickdarm das am zweitdichtesten von Mikroorganismen besiedelte Habitat des Körpers. Besonders bemerkbar machen sich Bakterien dort als Plaque; das ist ein

Biofilm auf Zähnen und Zunge, der zu Karies, Parodontose und Mundgeruch führen kann.

Die im Zahnbelag existierenden Bakterien sind fakultative Anaerobier; sie brauchen also für ihren Stoffwechsel keinen Sauerstoff. Aus diesem Grund kann auf den Zähnen Milchsäuregärung stattfinden. Milchsäure wiederum greift den Zahnschmelz an und zerstört ihn.

Wenn Anaerobier organische Substanz abbauen, entsteht umgehend unangenehmer Geruch. Da unterscheidet sich der Mund kaum vom Darm.

Das liegt an Stoffen wie Schwefelwasserstoff, Buttersäure oder Skatol, die bei diesem Prozess freigesetzt werden. Gemessen werden solche Substanzen und die damit verbundene Stärke des Mundgeruchs mit einem Halimeter (Mundgeruch = Halitosis). Mundgeruch kann allerdings viele Ursachen haben, nicht nur mangelnde Mundhygiene.

Als ehemaliger »Henkelaner« räume ich unumwunden ein: Der Markt an Kosmetika- und Pflegeprodukten ist voller Wundertüten, bei denen man nicht unbedingt das bekommt, was man sich erhofft. Wenige Artikel enthalten allerdings derart viele überflüssige Beigaben wie Zahnpasta. Das Wichtigste bei der Zahn- und Mundhygiene ist das mehrmals tägliche mechanische Entfernen von Plaque auf Zähnen und Zunge mit Bürste und Zahnseide.

Sonst braucht es eigentlich fast nichts. Schaum, Geschmack, Mundwasser, besondere antimikrobielle Wirkstoffe wie Zink oder gar Triclosan – alles überflüssig. Einzig die Fluorid-Prophylaxe gegen Karies ergibt wirklich Sinn. Zwar wird auch über Fluorid wegen seiner zweifellos vorhandenen Toxizität immer mal wieder diskutiert; um die toxische Dosis zu erreichen, müsste aber beispielsweise ein 15 Kilogramm schweres Kind eine ganze Tube Zahnpasta verdrücken. Kinderzahncremes sind deswegen auch oft Fluorid-frei; die Zahnschmelz-Härtung kann gezielt mit Fluorid-Tabletten erfolgen.

Die von der Bundeszahnärztekammer in Auftrag gegebene Mundgesundheitsstudie von 2016 hat jedenfalls gezeigt, dass heute bei mehr als 80 Prozent aller Zwölfjährigen keine Karies mehr feststellbar ist. An dieser sehr positiven Entwicklung hat Fluorid einen großen Anteil. Denn diese Substanz hilft dem Körper dabei, Calcium und andere Mineralien in den Zahnschmelz einzubauen, und beugt so der Zahnfäulnis vor.

Zur Ausbildung des Führungspersonals bei Henkel gehörte übrigens auch die Beherrschung des strukturierten Gesprächs mit Mitarbeitern und Kollegen. Die ganz hohe Schule bestand etwa darin, jemanden dezent auf zu starken Mund- oder Körpergeruch hinzuweisen: Vorsichtig, nicht zu rüde (»Du stinkst«) und der heiklen Situation angemessen, sollte im vertraulichen Zweiergespräch der Hinweis erfolgen, dass »es« schon mehreren Kollegen aufgefallen sei (der Eindruck ist also nicht nur subjektiv), dass »es« tatsächlich stört, und dass es ja relativ einfach sei, dagegen etwas zu unternehmen (Klamotten wechseln, nach dem Radfahren duschen, Zähne putzen ...), zumal, wenn man in einem Kosmetik-Konzern arbeitet.

Im Nachhinein bin ich wirklich froh, dass ich in gut vier Jahren bei Henkel niemals ein solches Gespräch führen musste – weder auf der einen noch auf der anderen Seite des Tisches.

## Hand aufs Herz: Wie oft waschen Sie sich die Hände?

Den Inhalt des Buches hätte man im Titel auch auf folgende Kurzformel herunterbrechen können: Bitte Hände waschen! In Fragen der Haushaltshygiene ist dies der erste und wesentlichste Rat, den ein Hygieniker geben kann und sogar geben muss.

Auch in der Medizin hat sich mittlerweile zum Glück die Erkenntnis durchgesetzt, dass sich mindestens ein Drittel aller Infektionen verhindern ließe, wenn die desinfizierende Reinigung der Hände ernst genommen würde. Und das gilt für vergleichsweise harmlose Erkältungen ebenso wie für Magen-Darm-Infekte oder die Übertragung gefährlicher multiresistenter Keime.

Laut Bundeszentrale für gesundheitliche Aufklärung (BZgA) lässt sich durch gründliches Händewaschen mit Seife die Häufigkeit von Lungenentzündungen und Durchfall um mindestens 50 Prozent reduzieren.

Dennoch wird die Handhygiene noch immer sträflich vernachlässigt. Laut einer Umfrage aus dem Jahr 2017 setzt sich sogar jeder dritte Deutsche mit ungewaschenen Händen zum Essen an den Tisch. Und auch Ärzte und Pflegepersonal haben es im Kontakt mit Patienten lange an der nötigen Handdesinfektion vermissen lassen, wie das Nationale Referenzzentrum für die Überwachung von Krankenhauskeimen (NRZ) moniert.

Dahinter steckt sicher nicht mal böser Wille. Ärzte hetzen meist von Termin zu Termin und verfügen kaum über die Zeit, sich vor jeder Visite gründlich die Hände zu reinigen. Hinzu kommt, dass Ärzte und Pflegepersonal von Berufs wegen ohnehin viel häufiger ihre Hände desinfizieren und waschen als der Durchschnittsbürger.

Für diese Hygiene-Routine zahlen etliche Gesundheitsberufler mit schmerzhaften und juckenden Ekzemen an den Händen. Noch vor wenigen Jahren kursierte bei ihnen die Regel, vor Operationen die Hände »richtig zu schrubben«, doch davon hat man inzwischen Abstand genommen. Denn dadurch wächst die Gefahr für Verletzungen an den Händen, und das Entzündungs- und Infektionsrisiko steigt erst recht. Vielmehr ist die rückfettende Hand- und Hautpflege stärker in den Fokus gerückt. Die ist übrigens auch zu Hause sinnvoll, um Hautschädigungen an den Händen vorzubeugen.

## Tödliche »Cadavertheile«

In der zweiten Hälfte des 19. Jahrhunderts war das Operieren mit bloßen, ungewaschenen Händen noch an der Tagesordnung. Dem Gynäkologen Ignaz Philipp Semmelweis (1818–1865), Assistenzarzt an der Geburtshilflichen Klinik des Wiener Allgemeinen Krankenhauses, bereitete jedoch die hohe Sterblichkeit der Mütter Kopfzerbrechen. Von mikroskopisch kleinen Krankheitserregern wusste Semmelweis noch nichts. Seine Intuition sagte ihm jedoch, dass das massenhafte Sterben der Mütter im Kindsbett mit den ungewaschenen Händen der behandelnden Ärzte zu tun haben musste. Gar hatten die Ärzte kurz vor der Visite eventuell noch Leichen obduziert.

Semmelweis vermutete, dass bei der Behandlung gefährliche »Cadavertheile« auf die Patientinnen übergingen – eine ziemlich scharfsinnige Schlussfolgerung für einen Mediziner, der Mitte des 19. Jahrhunderts noch auf keinerlei mikrobiologische Kenntnisse zurückgreifen konnte.

Aus seiner Beobachtung leitete der Gynäkologe die Forderung an seine Kollegen ab, sie mögen sich vor jeder Untersuchung die Hände mit Chlorkalk desinfizieren. Dass ausgerechnet die Hand des Arztes als Überträger von Krankheiten in Verdacht geriet, wurde von den Medizinern als eine Art Gotteslästerung empfunden. Heute unvorstellbar, doch Semmelweis' vorausschauende Hygiene-Empfehlung wurde von seinen Kollegen komplett ignoriert.

Das Leben des Arztes nahm jedoch noch eine weit unglücklichere Wendung: 1865 starb Semmelweis nur 47-jährig unter mysteriösen Umständen in einer Nervenheilanstalt bei Wien. Erst posthum wurde er zu Recht als Heldengestalt der modernen Medizin verehrt und galt schließlich im 20. Jahrhundert als »Retter der Mütter«.

Rund 150 Jahre später hat die Diskussion um die richtige Handhygiene in Arztpraxen eine neue Dimension erreicht. Womöglich verschwindet der obligatorische Handschlag zwischen Arzt und Patient bald gänzlich. Denn beim klassischen Händedruck übertragen sich weit mehr Keime als etwa bei der Begrüßung mit der Faust oder High five, dem aus Amerika bekannten Abklatschen. In etlichen Arztpraxen wird auf eine Begrüßung der Patienten per Handschlag bereits verzichtet.

In Arztkreisen wird das kontrovers diskutiert. Schließlich kommt »Behandlung« auch von »Hand«. Andererseits schütteln Ärzte bis zu hundert Hände am Tag. Moderne Desinfektionsmittel wirken zwar rückfettend, belasten aber dennoch die Haut, wenn man sie hundert Mal und mehr zum Einsatz bringt. Patienten könnten die Situation entspannen und ihrerseits freiwillig auf den Händedruck verzichten, wenn sie wegen einer Infektionskrankheit in die Praxis kommen.

## 30 Sekunden Sorgfalt

Das häusliche Händewaschen ist ein Vorgang, dessen geringer Aufwand in keinem Verhältnis zum großen Nutzen steht – möchte man meinen. Die Tatsache, dass so viele Menschen offenbar mit dieser scheinbar simplen Verrichtung hadern, bringt einen natürlich ins Grübeln. Und dann kommt man zu dem Schluss, dass es sich um ein Prozedere handelt, das durchaus einige Regeln verlangt, die jeder mit Sorgfalt befolgen sollte. 30 Sekunden sollte man mindestens dafür aufwenden; das gewährleistet, dass die Seife sorgfältig verteilt und eingerieben wird – auch in die Zwischenräume der Finger, um den Daumen und unter die Fingernägel.

Unbestritten ist, dass sich Keime bedeutend besser mit Seife abspülen lassen als ohne. Die Keimzahl wird so um das 10- bis 1000-fache reduziert. Wichtig ist aber die Verwendung einer ausreichenden Seifenmenge. So konnte eine Untersuchung nachweisen, dass die Verwendung von mehr Seife sowohl bei normalen als auch bei antimikrobiellen Seifen zu einer stärkeren Abnahme der Bakterienzahl führt.

Was aber, wenn keine Seife zur Hand ist? Von manchen Mikrobiologen wird durchaus die Meinung vertreten, dass man dann besser ganz auf das Händewaschen verzichten sollte. Begründung: Nur durch Wasser würden die Keime auf der Hand eher noch mobilisiert. Die gegenteilige Meinung: Auch mit bloßem Wasser lässt sich die Keimzahl leicht, in jedem Fall messbar reduzieren. Ich tendiere eindeutig zu Letzterem.

Im Krankenhaus folgen hygienische und chirurgische Handdesinfektion einem festgelegten Ablauf. Zu Hause ist der Einsatz von Desinfektionsmitteln allenfalls erforderlich, wenn ein kranker Angehöriger gepflegt wird. Im Normalfall jedoch nicht. Allerdings:

Wenn der Seifenspender leer ist, kann man sich ruhig auch mal am Desinfektionsmittelspender bedienen; auf öffentlichen Toiletten kommt man häufiger mal in eine solche Verlegenheit.

Dauerhaft gilt aber für die Handdesinfektion, was für alle Desinfektionsmittel gilt: Sie töten recht wahllos Mikroorganismen – also auch die guten, die den Aufbau des Säureschutzmantels der Haut organisieren, das Immunsystem stimulieren und pathogene Mikroben durch Konkurrenz bekämpfen.

Eine Wissenschaft für sich ist auch die richtige Wassertemperatur. Lange galt, dass die Hände nur bei heißem Wasser richtig sauber werden. Doch davon ist die Lehrmeinung inzwischen abgerückt. Denn heißes Wasser verursacht durch Entfetten schnell spröde, rissige Haut – ein Einfallstor für Übelkeime. Bei lauwarmem Wasser lassen sich die unerwünschten Siedler am besten abwaschen. Doch auch kaltes Wasser in Kombination mit Seife erfüllt seinen Zweck.

## Männer: das nachlässige Geschlecht

Ich werde häufig gefragt, wie oft man sich denn eigentlich am Tag die Hände waschen soll. Es geht allerdings nicht darum, ein Quantum abzuarbeiten. Wer den ganzen Tag im Bett liegt und nichts weiter als die Decke anfasst, muss gar nicht Hände waschen. Ansonsten gilt zum Beispiel:

- → vor und nach dem Kochen
- → vor dem Essen
- → vor dem Schminken
- → nach dem Klogang
- → nach dem Wickeln des Kindes
- → nach Kontakt mit Tieren oder kranken Menschen
- → nach dem Rausbringen des Mülls
- → immer, wenn man von unterwegs nach Hause kommt, sei es von einer Reise oder vom schnellen Gang zum Supermarkt

Diverse Studien haben nachgewiesen, dass Männer bei der Handhygiene nachlässiger sind als Frauen. Inzwischen haben die Untersuchungen eines Mikrobiologen aus den USA gezeigt, dass sich die Geschlechter auch bei der Mikroben-Besiedlung ihrer Hände unterscheiden.

Kaum ein Wissenschaftler hat das Hand-Mikrobiom so eingehend untersucht wie Noah Fierer, der an der University of Colorado in Boulder ein eigenes Labor betreibt. Auf gut hundert Händen fand der Forscher insgesamt knapp 4800 Arten von Keimen. Das entspricht der Vielfalt des Verdauungstraktes.

Der Grund für diese Vielfalt ist simpel: Kein Körperteil kommt mit derart vielen verschiedenen Oberflächen in Berührung wie die Hand. Aus diesem Grund ändert sich auch nirgendwo sonst auf der Haut derart schnell die Zusammensetzung der mikrobiellen Flora. Ob wir mit der U-Bahn gefahren sind, unseren Hund gestreichelt oder mit unserem Kind im Sandkasten gespielt haben, macht aus mikrobieller Sicht einen messbaren Unterschied. Unter dem Mikroskop jedenfalls ergibt sich dann jeweils ein unterschiedliches Bild.

Noch verblüffender: Die Ähnlichkeit zwischen der Mikroflora der linken und rechten Hand eines Menschen beträgt nur 17 Prozent. Die Linke weiß nicht, was die Rechte tut – das stimmt tatsächlich: Offensichtlich verrichten wir mit unseren beiden Händen weitgehend unterschiedliche Dinge und fassen entsprechend unterschiedliche Sachen an.

Der leicht höhere pH-Wert der Haut von Frauen ist wahrscheinlich für deren höhere Bakterienvielfalt verantwortlich. Weitere Gründe für die unterschiedliche Bakterien-Flora auf den Händen von Männern und Frauen sind auch die Nutzung von Kosmetika und regelmäßige Handhygiene.

Bemerkenswert auch: Auf den Händen der Frauen fanden sich höhere Anteile von Fäkalbakterien als bei den Männern. Die lapidare Erklärung meiner Frau für dieses Phänomen: »Das kommt, weil Frauen häufiger das Klo putzen.«

## Alarm in der Waschmaschine – warum uns Keime an die Wäsche gehen

Es gibt einen ziemlich einleuchtenden Satz, den ich von einem Kollegen aus meiner Zeit bei Henkel noch im Ohr habe: »Das Gefährlichste beim Wäschewaschen ist das Sortieren der dreckigen Wäsche mit den Händen.« Recht hat er.

Die Übertragung von Krankheiten durch die Waschmaschine ist zu Hause nicht wirklich ein Problem. Der moderne Arbeitsalltag sieht immer weniger körperliche Arbeit vor. Viele von uns arbeiten im Dienstleistungsbereich. Unser Arbeitsplatz ist häufig das Büro. Deshalb ist unsere Wäsche auch nicht mehr so stark verdreckt, wie das sicher mal der Fall war. Heutzutage ist Kochwäsche (90 Grad) eher unüblich.

Ein gewisses theoretisches Risiko besteht dennoch, dass sich Menschen auch zu Hause über die Wäsche gegenseitig mit unangenehmen Keimen anstecken; Beispiele dafür sind etwa resistente Erreger wie Fußpilz oder Noroviren. Allerdings ist der direkte Kontakt zwischen Menschen, vor allem über die Hände oder das Berühren problematischer Oberflächen im Haushalt sicher das weit größere Problem.

Man muss immer wieder daran erinnern: Primärer Zweck des Waschens zu Hause ist die Entfernung von Schmutz, Flecken und Gerüchen – nicht das Desinfizieren der Wäsche. Das ist vor allem im Krankenhaus oder in Pflegeeinrichtungen wichtig, wo sich viele Schwerkranke und Immungeschwächte aufhalten. Dort wird die Wäsche mit speziellen chemo-thermischen Desinfektionsverfahren behandelt. Für den Einsatz im Operationssaal werden Textilien zudem in einem aufwendigen Verfahren autoklaviert, also bei 120 Grad mit Wasserdampf und unter 2 Bar Druck sterilisiert. Ein derartiger Aufwand wäre daheim völlig überflüssig. Die modernen Waschmaschinen und Vollwaschmittel sind absolut in der Lage, Wäsche in ausreichendem Maß zu säubern. Dennoch müssen sich die Forschungsabteilungen der Waschmittel-Konzerne abmühen, um auf der Höhe der Zeit zu bleiben. Woran liegt das?

## Die magische Zutat: Bleiche

Die aktuellen Trends beim Waschen laufen einer Hygienisierung der Wäsche leider entgegen: Denn aus Gründen des Energiesparens und der Nachhaltigkeit wird heutzutage bei immer niedrigeren Temperaturen gewaschen. Außerdem sind viele moderne Textilien besonders empfindlich und vertragen weder harte Chemie noch hohe Temperaturen.

Durchaus problematisch ist auch der Siegeszug der Flüssigwaschmittel. Sie sind deutlich komfortabler zu dosieren als Waschpulver und hinterlassen keine Rückstände auf der Wäsche. Allerdings enthalten sie auch keine Bleiche, also die Kernzutat der Keimbekämpfung.

Bleiche erzeugt beim Waschen Peroxide (»Aktiv-Sauerstoff«), die Flecken, aber auch Mikroben durch Oxidierung zerstören. Allerdings ergibt die Substanz nur in Vollwaschmittels aus Pulver Sinn. In Flüssigwaschmitteln hält sie sich nicht, in Buntwaschmitteln würde Bleiche die Farben zerstören.

Flüssigwaschmittel besitzen einen hohen Wassergehalt. Alles, was viel Wasser enthält, kann wiederum leicht mikrobiell kontaminieren. Die Tenside, die in Waschmitteln als die wesentlichen waschaktiven Substanzen vorkommen, werden dann als Kohlenwasserstoffe regelrecht zu Mikrobenfutter.

Deshalb müssen Flüssigwaschmittel mit Konservierungsstoffen haltbar gemacht werden. Ansonsten würden sie vergammeln wie alle verderblichen Waren. Das macht sich dann unter anderem durch üblen Geruch bemerkbar. In irgendeinem Blatt für Mikrobiologen habe ich mal eine überzeugende Charakterisierung des Flüssigwaschmittels gelesen: Allein an der Tatsache, dass diese Waschmittel bereits in konzentrierter Form vor Mikroben geschützt werden müssen, sei zu erkennen, dass sie in der Waschmaschine keine echten Killer sein können.

Meine Abteilung bei Henkel war unter anderem auch dafür zuständig, Flüssigwaschmittel zu untersuchen, die von verärgerten Kunden zurückgebracht worden waren. Der Grund: Sie stanken oder die Phasen hatten sich getrennt. In diesen Fällen war häufig das Konservierungsmittel nicht ausreichend dosiert worden, zum Beispiel wegen einer verstopften Düse in der Produktion. Intern firmierte der Schrank mit den umgekippten oder stinkenden Proben als »das Gruselkabinett«. Nach offizieller Verlautbarung kam so etwas natürlich nicht vor ...

## 99 Prozent tote Keime heißt: Millionen überleben

Vollwaschmittel als Pulver ist trocken und muss deshalb nicht konserviert werden. In der Waschmaschine ist es bei 60 Grad eine der besten antimikrobiellen Waffen, die man zu Hause einsetzen kann. Je nach Keim und Textil erzielt man damit Reduktionsraten von über 99,9 Prozent der vorhandenen Keime.

Mithilfe sogenannter Bleich-Aktivatoren versucht die Industrie, Vollwaschmittel auch bei niedrigeren Temperaturen zu einer annehmbaren Bleichleistung zu bringen. Das ist ein sinnvoller Weg, Hygiene und Nachhaltigkeit zu versöhnen. Auch Flüssigwaschmittel töten nahezu 99 Prozent aller Keime. Man muss allerdings bedenken: In absoluten Zahlen kann man von etlichen Milliarden Keimen ausgehen, die mit einer Füllung in die Maschine kommen. Das bedeutet, dass immer noch Millionen überleben, wenn 99 Prozent aller Mikroorganismen bei einem Waschgang vernichtet werden. Für ein angeschlagenes Immunsystem kann das den Unterschied machen.

Die antimikrobielle Leistung eines Waschgangs hängt von vielen Faktoren ab. Was Mikrobiologen und letztlich auch die Verbraucher glücklich macht, ist meistens nicht besonders gut für die Umwelt. Denn generell gilt: Je besser Keime entfernt und getötet werden, desto mehr Energie wird auch verbraucht – etwa durch eine höhere Waschtemperatur oder durch eine lange Laufzeit des Waschprogramms.

Daneben gibt es noch weitere Tipps, die helfen, damit einem die Keime nicht an die Wäsche gehen.

**Tipps für die mikrobielle Wäschehygiene**

- Waschmittel richtig dosieren – der entscheidende Faktor gegen Mikroben. Außerdem regelmäßig Normalprogramme (höhere Temperatur) nutzen.
- Eine überladene Trommel schmälert das Waschergebnis, vor allem bei stark verschmutzter Wäsche.
- Je mehr gespült wird, desto besser werden Keime und Waschmittelreste abgelöst.
- Zur Vermeidung von Maschinengeruch Maschine ab

und zu leer bei 60 oder 90 Grad mit Vollwaschmittel laufen lassen, Einspülkammer und Dichtungen reinigen sowie die Maschine offen gut austrocknen lassen.
- Je intensiver das Trockenprogramm, desto besser. Sonnenlicht und anschließendes Bügeln töten Keime zusätzlich ab.
- Waschen bei höheren Temperaturen beugt Wäschegeruch vor. Synthetik-Gewebe tendiert eher als Baumwolle dazu, Keime und Geruchsstoffe zu absorbieren; verträgt allerdings keine hohen Temperaturen.
- Empfindliche Funktionskleidung separat und direkt nach dem Tragen mit Feinwaschmittel waschen.
- Weichspüler, besondere Hygienespüler oder Maschinenreiniger sind mikrobiologisch nicht nötig.

Erschreckend ist allerdings, was die Stiftung Warentest herausgefunden hat: Demnach erreichen viele Waschmaschinen gar nicht jene Temperatur, die man wählt, sondern bleiben teils deutlich darunter.

In vielen Ländern der Welt wird die Wäsche gleichwohl seit jeher kalt gewaschen – oder zumindest nicht wärmer, als es das Leitungswasser hergibt. Die USA oder Japan sind Paradebeispiele dafür. In diesen Ländern wird die fehlende Temperatur jedoch mit besonders stark dosierter Bleiche ausgeglichen. Mit diesem Verfahren kann man sicher Energie sparen, für die Umwelt ist es dennoch belastend.

## Enzyme – Schmutzvernichter aus dem Labor

Auf die Liste der Inhaltsstoffe, die in einem modernen Waschmittel enthalten sind, kann sich eigentlich nur ein Chemiker einen Reim machen: Tenside, Wasserenthärter, Waschalkalien, Entschäumer, Duftstoffe, Bleiche und optische Aufheller, Bleichaktivatoren und -stabilisatoren, Farbübertragungsinhibitoren und Konservierungsmittel …

Doch es gibt eine Zutat, die durchaus einen genauen Blick wert ist: Enzyme befinden sich im Waschmittel, um gezielt die Flecken aus dem Gewebe zu »fressen«.

Die meisten Enzyme werden regelrecht am Reißbrett entworfen, weil man so ihre Reinigungsleistung maßschneidern kann. Je mehr Enzyme ein Waschmittel enthält, umso teurer ist es.

Es dauert in der Regel Jahre, bis die Entwicklung von Enzymen gelingt, die noch nicht patentgeschützt sind und vor allem in der jeweiligen Waschmittelformulierung stabil und aktiv bleiben. Dieses Verfahren bedeutet kostspielige Forschung, was sich natürlich im Preis des Produkts niederschlägt.

Vor zehn bis 15 Jahren ging der Trend noch dahin, besonders Hitze-resistente Enzyme zu finden oder gentechnisch zu designen, die auch bei 60 Grad noch gut arbeiten. Den neuen Waschgewohnheiten Rechnung tragend, müssen die Labore heutzutage ganz andere Lösungen finden. Inzwischen fahnden die Forscher nach Enzymen, die auch bei niedrigen Temperaturen von 15 bis 20 Grad ihre Wirkung entfalten.

Es ist schon erstaunlich: Die sogenannte weiße und graue Gentechnik, die sich zum Beispiel mit der biotechnologischen Produktion von Waschmittelenzymen durch gentechnisch veränderte Mikroorganismen beschäftigt, ist gesellschaftlich weitgehend akzeptiert – im Gegensatz zur grünen (Pflanzen) und roten (menschliche Zellen, Tiere) Gentechnik.

Henkel unterhielt lange eine sehr große und angesehene Abteilung für Enzymtechnologie. Die wurde aber mittlerweile merklich reduziert, denn auch der Düsseldorfer Konzern bedient sich aus Kostengründen bei der Entwicklung solcher Enzyme externer Firmen, die entsprechend spezialisiert sind. Im firmeneigenen Labor werden die molekularen Arbeiter dann nur noch optimal an die eigenen Bedingungen angepasst.

## Keime und Waschmaschinen, eine Liebesbeziehung

Studien belegen, dass Waschmaschinen einen idealen Lebensraum für Mikroorganismen bilden. Es ist dort warm, feucht und sehr nährstoffreich. Ihre besonders hartnäckigen Biofilme bilden Bakterien dort, wo man nur schlecht hinkommt und deshalb selten reinigt: in der Einspülkammer, am Laugenbehälter und auf den Dichtungen.

Ein Nachteil modernerer Maschinen gegenüber älteren Modellen: In den neuen Waschautomaten werden häufig Metallkomponenten durch billigere Plastikteile ersetzt, auf denen die Biofilme deutlich besser haften. In eigenen Studien konnten wir an der Hochschule Furtwangen nachweisen, dass in einer Waschmaschine Hunderte von Arten und Gattungen von Bakterien und Pilzen vorkommen. Über die natürliche Besiedlung mit Viren oder Protozoen weiß man so gut wie nichts.

Es ist durchaus denkbar, dass die Wäsche durch die artenreiche Maschinenflora nach dem Waschen im Spülgang erneut verkeimt wird. Bekannt ist außerdem, dass Biofilme Geruchsstoffe bilden, wenn sie anaerob werden. Wenn also bereits frisch gewaschene Wäsche müffelt, könnte dies auf einen reichen Befall an Keimkulturen in der Maschine hindeuten.

Belgische Forscher hegen allerdings in einer Studie den Verdacht, dass in den Fasern der Wäsche zurückgebliebene Hautbakterien üble Gerüche verursachen können.

Wirklich verstanden ist das Phänomen des Wäschegeruchs aber noch nicht. Japanische Forscher haben das Bakterium *Moraxella osloensis* als einen Keim identifiziert, der Wäschegeruch auslösen kann. Das Bakterium ist beim Menschen ein typischer Haut- und Schleimhautbewohner, kommt aber auch in der Natur vor. Es ist vermutlich etwa für jenen wohlbekannten Modergeruch verantwortlich, wie er von regennassen, in warmen Wohnungen trocknenden Wollmänteln ausgeht.

Tatsächlich ist *Moraxella osloensis* häufig auch in Waschmaschinen und auf Wäsche zu finden. Auch in Küchenschwämmen zählt er zu den häufigsten Siedlern. Trotzdem glaube ich kaum, dass sich eine komplexe olfaktorische Wahrnehmung wie Geruch lediglich auf einen Keim reduzieren lässt. Da sind bestimmt noch viele andere beteiligt.

Steril wird eine Wäsche in den gängigen Waschmaschinen auch unter besten Voraussetzungen nicht. Nach einem Waschgang verbleiben dort immer noch mehr oder weniger viele Keime. Und die verbliebenen Keimkolonien können sehr rasch wieder anwachsen, wenn die dafür richtigen Bedingungen gegeben sind.

Die Wäsche nach dem Waschen allzu lange in der Maschine zu lassen ist fast schon eine Garantie für üblen Geruch. Auch ein feuchter Keller ist kein guter Ort, um frisch Gewaschenes zu trocknen. Nach langem Aufbewahren im Schrank können Geruchsstoffe zudem durch die Körperwärme wieder mobilisiert werden.

Für meinen Geschmack konzentrieren sich die Wäschehygiene-Experten allerdings viel zu sehr auf das Abtöten von Keimen. Man hat geradezu das Gefühl, viele Kollegen aus der Mikrobiologie warten nur auf den einen großen Fall, der beweist: Ja, auch zu Hause verbreiten sich Infektionserreger über die Wäsche und man kann davon ernstlich krank werden.

Leider ist bisher niemand auf die Idee gekommen zu fragen: Hat es vielleicht sogar positive Auswirkungen, beispielsweise für die Gesundheit unserer Haut, wenn Keime auf der Wäsche verbleiben?

Ich halte es auch nicht für einen absurden Gedanken, dass wir unsere Wäsche eines Tages vielleicht gezielt mit guten Keimen in der Waschmaschine imprägnieren – etwa so, wie ich zum Beispiel meine Outdoor-Jacke beim Waschen mit Regenschutz imprägniere.

Schon jetzt wissen wir, dass Kinder aus Familien, die ihr Geschirr mit der Hand abspülen, signifikant weniger unter Allergien leiden. Könnte das Tragen probiotisch behandelter Wäsche einen ähnlichen Effekt haben?

Schon jetzt ist bekannt, dass die Waschmaschine als großer Bakterien-Schmelztiegel fungiert, wodurch sich das Haut-Mikrobiom aller Mitglieder eines Haushalts nach und nach angleicht. Und ist das nicht die größte Liebeserklärung an die eigene Familie: Dass man mit ihr sogar alle körpereigenen Mikroorganismen teilt?

# Keime im Paradies – über Gefahren in der Ferne

Wenn einer eine Reise tut, dann kann er bekanntlich viel erzählen – ein besonders beliebtes Thema sind dabei nach meiner Erfahrung Berichte von Durchfallerkrankungen, häufig ausgelöst durch exotische Parasiten. Unverhoffte Begegnungen mit den Bewohnern der Wildnis stehen allerdings nicht minder hoch im Kurs.

Als angehender Mikrobiologe hatte ich auf einer Safari im kenianischen Naturschutzgebiet Masai Mara das Vergnügen, beides auf einen Streich zu erleben. Kurz nach einem Barbecue im Busch, an dem ich unvorsichtigerweise teilgenommen hatte, öffneten sich bei mir alle Schleusen. Ein Freund und Reisebegleiter wollte mir zur Hilfe eilen und aus der Nachbarhütte ein Magen-Darm-Medikament holen. Allerdings kam er nicht weit. Vor dem Eingang zu unserer Hütte stand nämlich ein Nilpferd.

Nilpferde zählen mit zu den gefährlichsten Tieren Afrikas. Durch Hippos sterben jährlich mehr Menschen als durch Löwen. Auch in der Agonie meines angeschlagenen Zustandes konnte ich mich der Komik des Augenblicks nicht entziehen. Schon damals nahm ich mir vor, einen Reiseführer aus der Sicht eines Mikrobiologen zu schreiben, der auch scheinbar absurde Eventualitäten mit einbezieht.

Die folgenden Seiten sind gewissermaßen die Kurzform dieses Projekts. Sie sollen aber niemanden vom Reisen abhalten. Natürlich birgt jede Reise ein gewisses Risiko. Viel schlimmer wäre aber, immer nur zu Hause zu bleiben. Es ist ohne Zweifel eine wunderbare Sache, dass wir heutzutage die Möglichkeit haben, jeden Winkel unseres Planeten zu bereisen. Man muss aber wissen, dass viele Mikroorganismen und Parasiten immer schon vor uns am Zielort sind. Und es schadet ja auch nicht, mal gehört zu haben, was mitunter auf einen zukommen kann.

Das Nachspüren folgender Übeltäter ist auf jeden Fall eine Reise zu den schönsten Orten dieser Welt.

## Der Schwarze Tod in Amerika

Große Verunsicherung wird wohl jene Menschen beschleichen, die in den Vereinigten Staaten Jahr für Jahr an der Pest erkranken. Der sogenannte Schwarze Tod ist eine Plage aus einer anderen Zeit. Im 14. Jahrhundert tötete der Erreger *Yersinia pestis* in Europa nach Schätzungen bis zu 50 Millionen Menschen und rottete damit vielleicht die Hälfte der Gesamtbevölkerung des Kontinents aus. Viele halten die Pest inzwischen für vollständig besiegt. Doch das ist ein Irrtum.

Der Erreger hat in diversen Ländern ein Rückzugsreservoir gefunden. Dazu zählen ausgerechnet die schönsten Orte der USA: Nationalparks und Naturschutzgebiete in Bundesstaaten wie New Mexico, Arizona, Colorado, Kalifornien, Süd-Oregon oder Nevada, die wegen ihrer atemberaubenden Landschaft viele Besucher anziehen.

Überträger der Krankheit sind Flöhe. Die Parasiten ernähren

sich vom Blut eines bereits infizierten Nagers und übertragen den Erreger auf einen weiteren Wirt – etwa einen anderen Nager, aber Menschen sind ihm ebenfalls recht. In die Stichstelle seines neuen Opfers würgt der Floh einen Blutklumpen, in dem sich tausendfach der Pesterreger tummelt.

Durch den Einsatz von Antibiotika sind die Heilungschancen für Erkrankte inzwischen sehr hoch. Deshalb besteht wenig Furcht, dass die Pest noch einmal rund um den Erdball wütet. Weil die Symptome jedoch einer heraufziehenden Grippe ähneln – Fieber, Schüttelfrost, Gliederschmerzen –, wird die Gefahr von den Betroffenen nicht immer erkannt. Unbehandelt führt die Pest in den meisten Fällen zum Tod.

Im ersten Jahrzehnt dieses Jahrhunderts zählte die Weltgesundheitsorganisation (WHO) fast 22 000 Neuerkrankungen; mehr als 1600 Fälle endeten tödlich. Wie einst im Mittelalter ist die sogenannte Beulenpest die heute am weitesten verbreitete Form der Seuche.

## Horror im Paradies

Im Jahr 2009 ging der Fall einer Frau aus Dresden durch die Presse, der ausgerechnet im paradiesischen Hawaii Schreckliches widerfuhr. Ein mikroskopisch kleiner, tropischer Wurm hatte sich in ihrem Zentralnervensystem eingenistet und dort Bereiche des Gehirns zerstört.

Der Name dieses Horror-Parasiten lautet *Angiostrongylus cantonensis*; ursprünglich war der Wurm nur auf der hawaiianischen Insel Maui beheimatet. Inzwischen haben ihn Gesundheitsbehörden jedoch an weit entlegeneren Orten entdeckt. Etwa auf Madagaskar, in Ägypten oder im amerikanischen New Orleans.

Von *Angiostrongylus cantonensis* Befallene berichten von Höllenqualen, die der Parasit verursacht. Das Gefühl verursache den Eindruck, es würde einem mit einer langen Nadel in den Kopf gestochen.

Üblicherweise infizieren sich die Betroffenen über den Verzehr von ungewaschenem Obst oder Gemüse. So auch die Frau aus Dresden, die beispielsweise nicht gereinigte Paprika gegessen hatte. Der Parasit nimmt allerdings einen verschlungenen Pfad, bis er in den menschlichen Organismus gelangt: Erst scheiden Ratten den Wurm aus, mit dem Kot verleiben sich dann Nacktschnecken den Parasiten ein. Die Kriechtiere hinterlassen den Eindringling indes mit ihrer Schleimspur auf Obst und Gemüse.

Die gute Nachricht: Menschen mit einem stabilen, gesunden Immunsystem haben wenig zu befürchten. Die schlechte Nachricht: Hat der Parasit einmal angefangen, seine destruktive Wirkung im Gehirn zu entfalten, ist gegen ihn kaum ein Kraut gewachsen.

## Tickende Zeitbombe im Wasser

Das Geißeltierchen *Giardia intestinalis* quält in jedem Jahr aufs Neue Hunderttausende von Menschen und insbesondere Tropenreisende mit einer überaus unangenehmen Diarrhö. Häufig gelangt der Darmparasit durch mit Fäkalien verunreinigtes Trinkwasser in unseren Organismus. Er haust in Eiswürfeln oder gerät durch Abwaschen auf frisches Obst oder Salat.

Aber auch der abkühlende Sprung in das Gewässer von so manchem Ferienparadies bringt den Menschen in Kontakt mit diesem Erreger. In Neuseeland sind mutmaßlich mehr als die Hälfte der Gewässer und Flüsse in den Nationalparks von diesem Einzeller befallen. Im Wasser können bestimmte Formen bis zu vier Monate überleben.

Vermutlich tragen rund zehn Prozent aller Menschen den Einzeller in sich. *Giardia intestinalis* dringt über den Mund in den Magen-Darm-Trakt ein und wirkt dort wie eine tickende Zeitbombe. Erst mit einigen Wochen Verzögerung verursacht er Durchfall, starke Blähungen und Magenkrämpfe. Mit Medikamenten lässt sich *Giardia intestinalis* allerdings schnell erfolgreich behandeln.

Aus wissenschaftlicher Sicht ist *Giardia intestinalis* ein Unikum. Weil die Zelle zwar einen Zellkern, aber keine Mitochondrien besitzt, entfachte der Parasit vor einigen Jahren einen lebhaften Gelehrtenstreit. Das Ergebnis: Der Durchfall-Verursacher gehört nicht zu den vergleichsweise primitiven Prokaryoten (Einzeller ohne Zellkern), sondern zu den höher entwickelten Eukaryoten (Ein- oder Mehrzeller mit Zellkern).

## Invasion der Hirnfresser

Was macht den Unterschied zwischen einem Weißen Hai und dem Amöben-ähnlichen Geißeltierchen *Naegleria fowleri*? Eine Begegnung mit dem Hai kann ein Mensch durchaus überleben. Dringt jedoch die Killeramöbe in seinen Organismus ein, gibt es so gut wie keine Hilfe.

Zwischen 2005 und 2014 wurden in den Vereinigten Staaten 35 Fälle gemeldet, bei denen sich Menschen mit *Naegleria fowleri* infiziert hatten. Nur zwei überlebten. Der Parasit lauert in warmen Quellen, Flüssen, Seen, aber auch in nicht hinreichend chlorierten Schwimmbädern oder Pools. Er kann nur im Süßwasser überleben.

Die Infektion erfolgt über die Nase, von wo aus sich der Einzeller schnurstracks in das Gehirn vorarbeitet. Innerhalb kurzer Zeit verursacht er dort eine eitrige Hirnentzündung. In der Regel tritt der Tod schon innerhalb von fünf Tagen ein.

*Naegleria fowleri* ist zwar weltweit verbreitet, Infektionen sind aber hauptsächlich aus den USA und Australien bekannt. Experten befürchten allerdings, dass der Gehirnparasit mit zunehmender Erwärmung des Klimas zu einem größeren Problem werden könnte.

Forscher vermuten, dass ein chemischer Botenstoff im Gehirn namens Acetylcholin die Amöbe anlockt. Mit dieser noch jungen Erkenntnis verbindet sich die Hoffnung der Mediziner, vielleicht in naher Zukunft ein wirksames Medikament gegen den Einzeller finden zu können.

Doch selbst mit einem probaten Wirkstoff wäre das Grundproblem noch nicht gelöst. Die Symptome, die sich meist nach wenigen Tagen zeigen, lassen sich recht vielen Krankheitsbildern zuordnen: Kopfschmerzen, Fieber und Übelkeit. Hinzu kommen Geistesverwirrungen und mitunter auch Halluzinationen. Gleichgewichtsstörungen deuten auf den Grad der Verheerung hin, die *Naegleria fowleri* im Gehirn anrichtet.

Eine treffende Diagnose bereitet deshalb große Schwierigkeiten. Doch angesichts der Geschwindigkeit, mit der die Amöbe ihre tödliche Wirkung entfaltet, bleibt wenig Spielraum für Fehldiagnosen.

## Gefahr durch Beeren

Unentdeckt zu bleiben ist auch ein Charakteristikum der Chagas-Krankheit, die hauptsächlich in Südamerika verbreitet ist. Auslöser ist ein Erreger namens *Trypanosoma cruzi*, der sich im Herzmuskel und Nervensystem festsetzen kann.

Anfangs zeigt eine Infektion unspezifische Symptome, die eher auf einen grippalen Infekt hindeuten: Fieber, Bauchschmerzen und geschwollene Lymphknoten. Dadurch bleibt die Chagas-Krankheit häufig unentdeckt. Eine Behandlung ist jedoch meist nur in der akuten Phase möglich.

Überträger sind häufig Raubwanzen, die vor allem in die weiche Gesichtshaut stechen und gleichzeitig in die Wunde koten.

Dabei gelangt der Erreger in den menschlichen Organismus und verursacht dort langwierige Beschwerden, die oftmals erst spät entdeckt werden: etwa Herzvergrößerungen und Darmödeme. Auch die in Südamerika beliebte Açaí-Beere, in den USA und Europa als Superfood bekannt, gilt als potenzieller Überträger des gefährlichen Erregers.

Schätzungen zufolge sind 20 Millionen Südamerikaner von ihm infiziert. Jeder zehnte stirbt, und das auf qualvolle Weise. Eine Impfung gegen die Chagas-Krankheit ist derzeit nicht möglich. Experten vermuten, dass der Erreger inzwischen auch nach Europa eingeschleppt wurde und allein in Spanien 50 000 von der Chagas-Krankheit Betroffene leben. Es ist sogar anzunehmen, dass Tausende von Erkrankten noch gar nicht diagnostiziert wurden. So besteht das Risiko, dass diese Menschen den Erreger über Bluttransfusionen oder Organspenden weitergeben.

## Angriff der Pärchenegel

Bilharziose ist eine tropische Infektionskrankheit, die durch Saugwürmer, sogenannte Pärchenegel (*Schistosoma mansoni*), verursacht wird. Nach konservativen Schätzungen sind weltweit mindestens 230 Millionen Menschen mit Schistosoma-Erregern infiziert.

Die Parasiten sind vor allem in Teilen Afrikas, Südamerikas und Asiens verbreitet. Kontaminiert sind insbesondere stehende oder mäßig fließende Gewässer, in denen die Wassertemperatur immer über 20 Grad liegt.

Besonders leicht ist eine Ansteckung in bewachsenen Uferzonen über hier lebende Schneckenarten möglich, die den Erregern als Zwischenwirte dienen. Auch beim Baden, Wassertreten oder Waschen können sich Zerkarien, die Larven des Saugwurms, durch die Haut bohren und in den Körper eindringen. Bereits wenige Wasserspritzer genügen, um sich mit dem Bilharziose-Erreger zu infizieren. Allerdings ist eine direkte Übertragung von Mensch zu Mensch nicht möglich.

Eine Infektion kann sich nach wenigen Tagen durch Juckreiz und Hautausschlag bemerkbar machen. Diese Symptome weisen darauf hin, dass der Körper den Erreger wahrgenommen hat und eine Abwehr gegen ihn organisiert. Allerdings wird der Organismus den Eindringling nicht wieder von allein los.

Ohne das Erkennen und gezielte Behandeln der Infektion gedeihen die Larven zu erwachsenen Würmern, die sich auf Dauer in den Blutgefäßen einrichten. Die Folge ist eine chronische Bilharziose.

Die Pärchenegel vermehren sich fleißig und produzieren mehrere hundert bis tausend Eier pro Tag. Mit der Zeit können sie im menschlichen Körper großen Schaden anrichten – insbesondere, wenn sie sich in Leber, Darm oder Blase eingenistet haben.

Auch in Deutschland ist eine Infektion mit Schistosomen möglich: Das Baden in Seen, die mit dem Kot von Enten und Gänsen kontaminiert wurden, kann die sogenannte Zerkarien-Dermatitis hervorrufen – eine juckende Hautinfektion, die zwar lästig, aber im Gegensatz zur tropischen Variante nicht gefährlich ist.

## Epidemie des krummen Rückens

In den Ferienparadiesen dieser Welt breitet sich eine seltsame Epidemie aus: Menschen werden von Fieberkrämpfen geschüttelt und können sich kaum aufrecht halten, weil ihre Gelenke so schmerzen. Auf der Insel Réunion erkrankten im Jahr 2006 über 160 000 Menschen am Tropenfieber Chikungunya; mehr als 350 000 Verdachtsfälle sorgten 2014 in der Karibik für Alarm.

Auch auf Mauritius und sogar in Rom brach die Tropenkrankheit aus. Das Chikungunya-Fieber wurde erstmals 1952 im afrikanischen Tansania beobachtet. Weil sich die Kranken vor Schmerzen im Rücken und in den Gelenken krümmen, erhielt das Leiden sinnigerweise den Namen »der gebeugte Mann«.

Lange war die Krankheit vor allem im östlichen und südlichen Afrika, auf dem indischen Subkontinent, in Südostasien und auf den Inseln im Indischen Ozean verbreitet. Doch inzwischen hat das Leiden auch im südlichen Europa Einzug gehalten. Verantwortlich für die Ausbreitung ist die Asiatische Tigermücke, die das Virus überträgt; sie kommt mittlerweile in Italien flächendeckend vor, ebenso in Südfrankreich und anderen Ländern Südeuropas.

Selbst in Deutschland halten Experten künftig Ausbrüche von Tropenkrankheiten für möglich. In südlichen Orten wie Heidelberg und Freiburg ist die Tigermücke bereits gesichtet worden.

Das Chikungunya-Fieber befällt die Betroffenen mit brachialen Symptomen: Das Virus kann neben schwerem Fieber zu monatelangen Gelenkbeschwerden führen. Wie bei allen viralen Infekten können Antibiotika hier nichts ausrichten. Auch eine Impfung ist gegen den »gebeugten Mann« derzeit nicht möglich. Einzig körperbedeckende Kleidung und der Gebrauch von Moskitonetzen kann Mückenstiche und damit den Ausbruch des Fiebers vermeiden helfen.

Komplikationen und Todesfälle sind allerdings nur in Kombination mit anderen Krankheiten wie Hepatitis oder Diabetes zu befürchten. Auch bleiben keine Schäden zurück. Hat man die Tropenkrankheit einmal überstanden, ist man künftig dagegen immun.

## Der Fluch der Straßenhunde

Tollwut ist eine akut verlaufende Infektionskrankheit. Weil das zentrale Nervensystem betroffen ist, äußert sich die Erkrankung durch Bewusstseinsstörungen, Wesensveränderungen und Lähmungserscheinungen. Unbehandelt endet Tollwut fast immer tödlich.

Deutschland gilt als tollwutfrei. Nach Auskunft des Robert Koch-Instituts trat der letzte identifizierte Tollwutfall bei einem Wildtier in Deutschland im Februar 2006 bei einem Fuchs auf. Die Gefahr, sich mit dem gefährlichen Virus zu infizieren, besteht für Deutsche also vornehmlich auf Reisen. Als riskantes Reiseland muss in dieser Hinsicht Indien gelten.

Jedes Jahr sterben in Indien nach Einschätzung der Weltgesundheitsorganisation bis zu 20 000 Menschen an der Tollwut – das sind etwa ein Drittel aller weltweiten Todesfälle. Rabiesviren werden in Indien von Affen, Katzen und Schakalen übertragen. Hauptinfektionsquelle sind jedoch Hunde. In Indien gibt es geschätzt 25 Millionen Straßenhunde. Allein in der Hauptstadt Neu-Delhi sollen es weit über 250 000 sein.

Ein weiteres Problem: Viele Inder wissen offenbar nicht, dass Tollwut in so gut wie allen Fällen tödlich endet, und schenken den Gefahren dieser Virusinfektion entsprechend wenig Beachtung. Indienreisende sollten eine Tollwut-Impfung vor Reiseantritt unbedingt in Betracht ziehen.

Diese Aufzählung erhebt nicht annähernd den Anspruch der Vollständigkeit. Es geht mehr darum, aus mikrobiologischer Sicht beispielhaft zu demonstrieren, auf welche Weise sich Parasiten und Mikroorganismen unseres Körpers bemächtigen können.

Zu nennen wäre natürlich noch Malaria, die insbesondere in Afrika und Asien ein großes Problem darstellt. Auch Gelbfieber und Dengue-Fieber sind gerade für Afrikareisende eine Bedrohung. Und nicht zuletzt natürlich der klassische Reisedurchfall, ausgelöst durch enterotoxische E. *coli*-Bakterien (ETEC), nahe Verwandte des EHEC-Erregers.

Aber potenzielle Gefahren drohen nicht nur in der Ferne. Auch die Pflege der Blumenbeete im heimischen Garten stellt aus mikrobiologischer Sicht bereits ein Risiko dar. In einem Gramm Boden befinden sich bis zu 10 Milliarden mikrobielle Zellen und bis zu 50 000 verschiedene Arten. Die allermeisten davon sind zwar ungefährlich, bis auf diese:

Der Tetanus-Erreger *Clostridium tetani* etwa lebt ebenfalls im Boden, seine Sporen können über Wunden in den Körper gelangen und einen lebensbedrohlichen Wundstarrkrampf auslösen.

Zu beachten wären noch Leptospirose durch Rattenurin, Hantavirus-Infektionen durch Mäusekot, Legionellose durch Kompost, Borreliose und Frühsommer-Meningoenzephalitis (FSME) durch Zecken …

Auch der abkühlende Sprung in viele hiesige Badeseen könnte einem verleidet werden, wenn man wiederholten Presseberichten Glauben schenkt. Denn in etlichen Gewässern konnten antibiotikaresistente Keime nachgewiesen werden.

Meine Meinung dazu: Die Angst vor Krankenhaus-Keimen im Wasser ist vermutlich ähnlich begründet wie die Sorge, im See einem jener gelegentlich entlaufenen Kaimane oder einer Schnappschildkröte zu begegnen.

**Schutz vor Infektionskrankheiten auf Fernreisen**

- Entspannung bereits vor dem Urlaub zwecks Stärkung des Immunsystems
- Beratung zur Reiseprophylaxe beim Hausarzt oder Gesundheitsamt, vor allem bei Individualreisen und entsprechend dem Zielland
- Rechtzeitig Impfschutz überprüfen und an das Zielland anpassen
- »Cook it, Peel it or Forget it!« Reise-Regel Nummer eins beugt Magen-Darm-Infekten vor. Auch Eiswürfel in Getränken und Zähneputzen mit Leitungswasser können zu Infektionskrankheiten führen
- Probiotika können vor Reisebeginn als Prophylaxe gegen Reisedurchfall genommen werden; sie bewirken aber keine Wunder und ersetzen keine Vorsichtsmaßnahmen
- Und natürlich: Handhygiene!
- Reiseapotheke sinnvoll bestücken (Beratung in der Apotheke): Antibiotikum, Wundversorgung, Wasseraufbereiter …
- Baden in nicht frei gegebenen Gewässern unterlassen
- Schuhe tragen (Schutz vor Wurminfektionen)
- Insektenschutz: lange Kleidung, Repellents, Moskitonetze …
- Bei schwererer Erkrankung kurz nach der Rückkehr den Arzt auf den Urlaub hinweisen

# Star Bugs – sie werden die Erde mit uns verlassen

Das Ende wird kommen, daran besteht kein Zweifel. Ein Atomkrieg, der Einschlag eines großen Asteroiden oder der Klimakollaps, all das sind mögliche Szenarien für den Untergang unserer Zivilisation. Aber nichts davon ist zwingend.

Sicher ist hingegen, dass die Erde eines Tages unbewohnbar sein wird. Wahrscheinlich verglüht sie sogar. Dies geschieht, wenn die Sonne beginnt, sich zu einem roten Riesen aufzublähen. Dabei schrumpft der Kern der Sonne zusammen, während sich der äußere Teil erheblich ausdehnt. Sämtliches Wasser, und damit die Grundlage allen Lebens auf der Erde, wird dabei verdampfen, vielleicht sogar der ganze Planet.

Dieses Szenario liegt viel zu weit in der Zukunft – etwa zwei bis drei Milliarden Jahre –, um bei Zeitgenossen Unruhe zu stiften. Die ersten Auswirkungen dieser galaktischen Umwälzung werden aber schon einige Zeit vorher spürbar sein. Sollte es dann also noch Menschen geben, müssten die sich bereits in Sicherheit gebracht haben.

Der im März 2018 verstorbene Astrophysiker Stephen Hawking hat sogar zur Eile geraten bei der Suche nach einer neuen Bleibe für die Menschheit. Seine Theorie: Damit die Besiedlung des Weltraums nicht zu spät komme, müsse der Mensch die Erde in 200 bis 500 Jahren verlassen.

Bis zum Jahr 2025, forderte das Physikgenie, sollten die führenden Nationen einen Menschen zum Mars geschickt haben und bis 2047 auf dem Mond eine feste Basis errichtet worden sein.

## Die Zähigkeit der Mikroben

Da unsere Existenz auf Erden sehr eng mit den kleinsten Lebewesen des Planeten verknüpft ist, stellt sich zwangsläufig die Frage: Was wird aus den Mikroorganismen, wenn der blaue Planet untergeht? Alle Anzeichen sprechen dafür, dass die Einzeller ein kommendes Inferno deutlich länger überstehen könnten als Menschen, und sehr wahrscheinlich wären sie auch für die Härten des Weltraums deutlich besser gerüstet als wir.

Mikroben waren die ersten Bewohner auf unserem Planeten. Sie haben die Erde bevölkert, als diese noch einer brodelnden Hölle glich. Dass Bakterien offenbar unter extremsten Bedingungen überleben können, wissen wir auch von jüngeren Entdeckungen: Kilometertief unter der Erde, in kochenden Geysiren oder im Eispanzer am Südpol haben Forscher die Existenz solch extremophiler Mikroorganismen nachgewiesen:

- *Methanopyrus kandleri* überlebt nicht nur, sondern wächst (!) zum Beispiel noch bei Temperaturen von mehr als 120 °C am Tiefseeboden. Für uns kann Fieber über 41 °C tödlich enden.
- *Deinococcus radiodurans* verträgt akute radioaktive Dosen von bis zu 17 500 Gray. Menschen sterben bei 6 bis 10 Gray innerhalb weniger Tage.
- *Shewanella benthica* lebt in 11 000 Meter Wassertiefe und

benötigt 800 Bar Druck zum Wachsen. In einem simulierten Tauchexperiment erreichten Menschen eine maximale Tiefe von 700 Metern und 70 bar Druck.

Selbst die extreme Kälte des Weltraums und dessen vollkommenes Vakuum kann einigen Mikroben nichts anhaben.

Unter den Vielzellern gelten die Bärtierchen als die härtesten Nehmer. Sie können, ähnlich wie Bakterien, Überdauerungsstadien bilden. Dieses Schlafstadium nennt man Kryptobiose. So schlafend überleben Bärtierchen Temperaturen nahe des absoluten Nullpunkts von –273 °C und mehrere Tage unter Weltraumbedingungen. Dies haben Forscher in einem Experiment herausgefunden, in dem sie zwei Arten von Bärtierchen in offenen Behältern für 10 Tage in 270 Kilometern Höhe um die Erde kreisen ließen.

Wissenschaftler der Max-Planck-Institute haben im Labor die unwirtlichen Bedingungen simuliert, die auf Kometen herrschen. Sie machten eine erstaunliche Entdeckung: Selbst in der Eiseskälte des Weltraums entstehen Aminosäuren, die Bausteine allen Lebens, fast von selbst. Ein Beleg dafür, dass Leben und seine Bausteine viel anpassungsfähiger sind als vermutet.

Ein Beispiel für die Zähigkeit der Mikroben: Die UV-Strahlung der Sonne vertragen Einzeller überhaupt nicht gut. Doch bereits eine dünne UV-Schutzschicht aus Staub und Sand reichte laut Simulation aus, um die Überlebenschancen der Bakterien deutlich zu erhöhen.

Im Inneren eines etwa zwei Meter großen Meteoriten wären Bakteriensporen bis zu einer Million Jahre vor kosmischen Strahlungen geschützt. Die Bedingungen in einem solchen Steinklotz könnten freilich nicht lebensfeindlicher sein. Nahrungsquellen: Fehlanzeige.

Könnten Mikroben tatsächlich für eine Million Jahre ohne Nährstoffe und Wasser auskommen?

Tatsächlich verfügen Bakterien über eine phänomenale Fähigkeit, etwaigen Nährstoffmangel auszuhalten: Sie verwandeln sich in Sporen und fallen in einen Tiefschlaf. Derart verkapselt bleibt in ihrem Inneren nur eine Zelle übrig, in der das Erbgut des Bakteriums konserviert wird. Der Stoffwechsel kommt derweil völlig zum Erliegen.

Allerdings lässt sich die Mikrobe wieder zum Leben erwecken, wenn ihr passende Nährsubstanzen zugeführt werden. Über die Reanimation 250 Millionen Jahre alter Sporen aus Salzkristallen habe ich bereits im ersten Kapitel berichtet. Doch es geht noch unglaublicher.

Wie das funktioniert, zeigte vor Jahren der Fund einer in Bernstein konservierten Biene. Im Darm des Insekts stießen Forscher auf uralte Bakteriensporen. Auch bei ihnen gelang die Reanimation.

In einer Nährlösung erwachten diese Mikroben zur großen Überraschung der Wissenschaftler aus ihrem Dornröschenschlaf – etwa 25 Millionen Jahre nachdem die Biene im Baumharz verendet war.

Da Mikroben offenbar in der Lage sind, auch den toxischen Verhältnissen im Weltraum zu trotzen: Wäre es nicht doch möglich, dass sie vor langer Zeit von fremden Planetensystemen zu uns auf die Erde kamen?

Es wäre beispielsweise denkbar, dass in grauer Vorzeit, als auf unserem Planeten noch infernalische Zustände herrschten, Meteoriten vom Mars auf die Erde stürzten. Kein Lebewesen könnte die Wucht eines solchen Aufpralls überleben. Oder doch?

Wissenschaftler des Deutschen Zentrums für Luft- und Raumfahrt (DLR) haben in ihrem Versuchslabor getestet, wie die Sporen von Mikroben reagieren, wenn man aus einer bestimmten Höhe eine schwere Metallplatte auf sie niedersausen lässt. Der Aufschlag erzeugte Schockwellen, und die Probe heizte sich auf 500 Grad auf. Diagnose: Alles war verkohlt, die Sporen schwarz gefärbt. Dennoch überlebten Tausende Mikroorganismen.

Brachten herabstürzende Kometen und Asteroiden gebrauchsfertige organische Moleküle auf die urzeitliche Erde? Liegt die Keimzelle des Lebens demnach in den Weiten des Weltalls? Zumindest wichtige organische Moleküle können sich offenbar selbst in der eisigen Ödnis des Weltraums bilden.

Die Schlüsselmoleküle für sämtliches Leben auf der Erde können beinahe überall im Universum entstehen, fanden die Forscher heraus. Offenbar braucht es dazu noch nicht einmal einen Planeten mit flüssigem Wasser.

## Furcht vor Alien-Mikroben

Nach ihrer Rückkehr am 24. Juli 1969 von ihrer erfolgreichen Mondmission mussten die Piloten der Apollo 11, Neil Armstrong, Michael Collins und Buzz Aldrin, zunächst 17 Tage in einer mobilen Quarantänestation zubringen. Denn die Furcht war groß, dass die Astronauten womöglich gefährliche Bakterien vom Mond auf die Erde einschleppten.

Besonders groß war die Angst vor Krankheiten, gegen die Menschen keine Abwehrkräfte besitzen.

Natürlich drängte sich der Vergleich mit jenen spanischen Eroberern auf, die einst im 15. Jahrhundert bei der Entdeckung der neuen Welt zahlreiche Infektionskrankheiten mitbrachten, von denen die Ureinwohner Mittel- und Südamerikas dezimiert wurden.

Wie sich dann herausstellte, hatten auch im Falle der Weltraumfahrer die »Eroberer« Bakterien von der Erde mitgebracht – und nicht umgekehrt. Bei der zweiten Mondlandung im November 1969 entdeckte die Crew der Apollo 12 eine alte amerikanische Sonde, die Jahre zuvor auf dem Mond niedergegangen war.

Die Astronauten brachten einige Teile dieser Raumsonde namens »Surveyor 3« mit zur Erde zurück. NASA-Experten fanden auf ihnen Bakterien, die offenbar den jahrelangen Aufenthalt im All überlebt hatten. Vermutet wurde, dass sie von einem Techniker stammten, der während der Startvorbereitungen einen Schnupfen gehabt hatte. Es besteht allerdings auch die Möglichkeit, dass diese Keime erst nachträglich bei der Rückkehr zur Erde auf die Teile der Sonde gelangten.

Die Ungewissheit in diesem Fall hat bei der NASA ein neues Bewusstsein geschaffen. So wurde bei künftigen Weltraum-Missionen peinlich genau darauf geachtet, dass nicht aus Versehen irdische Mikroorganismen zu den fremden Himmelskörpern transportiert wurden. Das simple Kalkül: Würde man eines Tages tatsächlich einfache außerirdische Lebensformen – zum Beispiel auf dem Mars – finden, sollte sichergestellt sein, dass es sich dabei nicht wieder um blinde Passagiere von der Erde handelt.

Schutzmaßnahmen, die die Kontamination von Planeten, Monden, Asteroiden oder Kometen mit terrestrischen Lebensformen durch Raumfahrtmissionen verhindern sollen, werden unter dem Begriff »Planetary Protection« zusammengefasst.

## Die Keimflora eines Raumschiffs

Die Frage, ob und wo sich außerhalb unserer Erde noch Leben entwickelt hat, ist eine der Triebfedern bei der Erkundung unserer Nachbarplaneten. Kandidaten sind neben dem Mars vor allem der Jupitermond Europa. Wie sich gezeigt hat, sind Mikrobiologen bei der Beantwortung solcher Fragen unmittelbar gefordert. Sie sollen herausfinden, wie sich Mikroorganismen unter extremen und extraterrestrischen Bedingungen verhalten.

Langzeitaufenthalte des Menschen in einer Raumstation oder einem Raumschiff führen dazu, dass sich aus den mitgeschleppten Mikroorganismen eine eigene Mikroflora entwickelt. Dies kann direkte Auswirkungen auf die Gesundheit der Astronauten haben. Es ist also erforderlich, Maßnahmen zur Kabinenhygiene und Dekontamination zu entwickeln.

Besonders interessant: Nicht nur der menschliche Stoffwechsel verändert sich in der Schwerelosigkeit, auch der bakterielle. Unter Weltraumbedingungen zeigte etwa *Salmonella Typhimurium* ein verändertes Verhalten und eine erhöhte Aggressivität gegenüber Mäusen. Veränderte mikrobielle Virulenz einerseits und ein durch die Schwerelosigkeit geschwächtes menschliches Immunsystem anderseits sind keine gute Kombination. Werden eventuell auf der Erde eher harmlose Mikroben im Weltraum zu echten Killern und damit zu einer Gefahr für die Astronauten?

Im Weltraum ist der Astronaut auf Gedeih und Verderb mit einer Vielzahl Mikroben in einem überschaubaren Raum eingeschlossen. Und das potenziell für lange Zeit. Für eine bemannte Mars-Mission werden beispielsweise gut zwei Jahre Reisezeit veranschlagt: 250 Tage würde der Hinflug dauern, etwa knapp ein Jahr der Aufenthalt auf dem roten Planeten, und erneut rund 250 Tage der Rückflug.

So gibt es eine Reihe von Studien, die zeigen, dass es auf der bemannten sowjetischen Raumstation Mir eine intensive Besiedlung mit Mikroorganismen wie Bakterien und Schimmelpilzen gegeben hat. Die Mir umkreiste von 1986 bis zum Jahr 2001 die Erde, ehe sie zum kontrollierten Absturz gebracht wurde.

Publikationen, die auf Untersuchungen der Bakterienkulturen der Raumstation basieren, berichten von mehr als 100 verschiedenen Arten von Mikroben, die isoliert wurden. Darunter auch potenziell pathogene Arten und solche, die über Bildung eines Biofilms zu Materialzerstörung durch Korrosion führen können, wie etwa Schimmelpilze.

In puncto Hygiene stellt sich das Leben in einer Raumstation oder auf einem Raumflug als extrem herausfordernd dar:

- Luft und Wasser werden durch die Lebenserhaltungssysteme ständig recycelt.
- Schwerelosigkeit und Weltraumstrahlung führen zu massiven körperlichen Veränderungen, zum Beispiel Muskelschwund, aber auch zu einer Schwächung des Immunsystems.
- Körperhygiene (Waschen, Duschen) ist nur eingeschränkt möglich.
- Die veränderte Ernährung beeinflusst das Mikrobiom der Astronauten.
- Psychischer Stress (Enge, Langeweile) stellt eine zusätzliche Herausforderung für das Immunsystem dar.
- Durch die Schwerelosigkeit verteilen sich Mikroben und Verschmutzungen anders als auf der Erde.

Eine umfassende Mikrobiom-Studie auf der internationalen Raumstation ISS zeigte, dass die mikrobielle Besiedlung dort stark der einer normalen Behausung auf der Erde gleicht. Die hohe mikrobielle Diversität mit Tausenden von Arten werteten Wissenschaftler als ein Signal für ein »natürliches« Umgebungsmikrobiom vor Ort. Ein reduziertes Mikrobiom hätte eventuell sogar auf krank machende Umgebungsbedingungen hingedeutet.

Da die ISS komplett luftdicht sein muss, sind die Quellen bekannt, durch die Mikroben an Bord geraten: Astronauten und die Gegenstände, die zur ISS gebracht werden. Gemäß der Planetary Protection müssen alle Geräte, die ins All geschossen werden, natürlich steril sein. Sie werden aufwendig in Reinräumen zusammengebaut und sterilisiert.

Die Reinräume werden regelmäßig auf mikrobielle Kontaminationen hin untersucht. Ein paar Keime oder ihre molekularen Spuren in Form von DNA oder RNA findet man dort immer.

Forscher aus Regensburg stießen dabei 2008 auf eine besondere Gruppe von Archaeen, sogenannte *Thaumarchaeota*. Als einzige Quelle kamen der Mensch und insbesondere seine Haut infrage.

Allerdings waren Archaeen bis dahin als Besiedler der menschlichen Haut nicht bekannt. Nähere Untersuchungen der Gruppe zeigten dann aber, dass bis zu zehn Prozent der prokaryotischen Hautflora eines Menschen aus diesen Archaeen bestehen kann. Ihre Funktion oder Bedeutung für die Gesundheit ist aber noch völlig unbekannt. Ohne die Weltraumforschung hätte man diese Gruppe von Hautkeimen vermutlich noch lange nicht entdeckt.

Auch zukünftig lässt die Weltraumforschung spannende und praxisnahe Erkenntnisse für die Haushaltshygiene erwarten, die hier auf Erden gern etwas belächelt wird. Im Weltraum ist der Mensch auf engstem Raum mit seinen mikrobiellen Weggefährten allein und kann nicht nach draußen fliehen. Hier wird sich ultimativ zeigen, welche Maßnahmen am besten geeignet sind, das Verhältnis von Mensch und Mikrobe auch zu einer interplanetaren Erfolgsgeschichte werden zu lassen.

# Epilog

Im Sommer 2017 wurde mir meine eigene Arbeit allmählich unheimlich. Unsere Küchenschwamm-Studie bekam in einem Maß Aufmerksamkeit, wie wir es niemals erwartet hatten. Die deutsche Presse und sogar internationale Medien stürzten sich auf das Thema. Tage ohne Interviewanfrage waren eine Seltenheit. Eigentlich ein Traum für einen Forscher, der möchte, dass seine Arbeit wahrgenommen wird.

Doch die Berichterstattung nahm absurde Züge an. Man konnte meinen, die quadratischen Küchenhilfen aus Schaumstoff seien so gefährlich wie radioaktiv verseuchtes Material. Also versuchte ich ab einem gewissen Zeitpunkt in Interviews ganz vorsichtig, die aufkeimende Hysterie mit einem simplen Vorschlag zu kontern: Wie wäre es damit, den Schwamm einfach häufiger auszuwechseln?

Offenbar hatte ich dabei aber unterschätzt, dass sich die Halter eines Küchenschwamms nicht gern vorschreiben lassen, wann sie diesen in die wohlverdiente Rente zu schicken haben …

Mit der Studie Angst zu verbreiten war jedenfalls nie das Ziel. Der mikrobielle Mikrokosmos eines Küchenschwamms eignet sich nur einfach hervorragend dafür, die Welt der Mikroben besser zu verstehen. Vor allem müssen wir uns mit einem Grundgesetz des Lebens abfinden und aussöhnen: Mikroben gehören zu uns; sie sind sogar unsere engsten Mitbewohner. Das ist aber – abgesehen von ein paar Ausnahmen, die wir im Blick behalten müssen – alles andere als schlimm.

**Neun Thesen zum gesunden Umgang mit Mikroben daheim**

1) **Mikroben verdienen Respekt und Bewunderung.** Sie sind uralt, winzig klein, total anpassungsfähig, harte Arbeiter und somit die ersten und vermutlich auch letzten Bewohner unseres Planeten.
2) **Der Mensch braucht Mikroben zum Leben, nicht umgekehrt.** Ohne sein Mikrobiom aus zehn Billionen Zellen kann ein Mensch nicht gesund leben.
3) **Mikroben sind keine Untermieter bei uns, sondern wir bei ihnen.** Erst durch die Aktivität von Mikroorganismen wurde die Erde zu einem für uns bewohnbaren Planeten.
4) **Eine absolute Keimfreiheit zu Hause ist eine Illusion – und auch nicht erstrebenswert.** Durch ihre Milliarden Jahre lange Erfahrung im Besiedeln extremer Lebensräume machen Mikroben auch vor unseren Wohnungen nicht halt. Und das ist auch gut so, denn sie bereichern unser eigenes Mikrobiom.
5) **Gerade Kinder benötigen eine mikrobiell reiche Umwelt als Sparringspartner für ihr Immunsystem.** Durch mikrobielle Stimulation des kindlichen Immunsystems, zum Beispiel durch Haustiere, wird späteren Erkrankungen wie Asthma und Allergien vorgebeugt.
6) **Vor Infektionskrankheiten muss man sich schützen, vor Mikroben generell nicht.** Infektionskrankheiten können lebensbedrohlich sein, doch sie werden nur von einer verschwindend geringen Anzahl von Mikroorganismen ausgelöst.

7) **Bewährte Hausmittel und Impfungen reichen völlig, um sich zu Hause vor Infektionskrankheiten zu schützen.** Kräftiges Putzen, Hitze, Säure, Seife oder Trocknen sind effektive Maßnahmen gegen Mikroorganismen zu Hause. Vor den wirklich schlimmen Krankheiten schützen Impfungen.
8) **Antimikrobielle Sondermaßnahmen sind nur bei akut oder chronisch Kranken angezeigt.** Richtig angewendet sind Antibiotika und Desinfektionsmittel ein Segen für kranke Menschen und ihre Pfleger, aber nicht für Gesunde.
9) **Probiotische Maßnahmen verdienen mehr Beachtung.** »Gute« Bakterien gibt es nicht nur im Joghurt, sondern hoffentlich bald auch im Putzmittel.

Als Mikrobiologe hege ich eine große Hoffnung: dass Hygiene in Zukunft völlig neu definiert wird. Und zwar als Wissenschaft und Lehre vom aktiven Mikroben-Management – und nicht nur als das Abtöten von Keimen zur Vermeidung von Krankheiten. Ich wäre sehr froh, wenn dieses Buch dazu einen Beitrag leistet.

# Informative Internet-Quellen zum Thema Hygiene und Mikrobiologie

- Robert-Koch-Institut: https://www.rki.de
- Bundeszentrale für gesundheitliche Aufklärung: https://www.bzga.de
- Lebens- und Futtermittelwarnungen: www.lebensmittel warnung.de
- Built-Environment Mikrobiom: https://www.microbe.net
- Keine Angst vor Mikroben: https://mikrobenzirkus.com
- Wunderwelt der Mikrobiologie: https://invisiverse.wonder howto.com
- Bundesinstitut für Risikobewertung: https://www.bfr.bund.de
- International Scientific Forum on Home Hygiene: https://www.ifh-homehygiene.org

# Literaturverzeichnis

Angegeben sind ausgewählte Quellen (keine Standardlehrbücher), auf die in den jeweiligen Kapiteln Bezug genommen wird, sowie weiterführende Literatur.

## 1. KEIM ODER NICHT KEIM – ELEMENTARES ÜBER MIKROBEN UND MENSCHEN

Carabotti M, Scirocco A, Maselli MA & Severi C (2015) The gut-brain axis: interactions between enteric microbiota, central and enteric nervous systems. *Annals of Gastroenterology* **28**: 203–209.

Clemente JC, Pehrsson EC & Blaser MJ et al. (2015) The microbiome of uncontacted Amerindians. *Science Advances* **1**: e1500183.

Dodd MS, Papineau D, Grenne T, Slack JF, Rittner M, Pirajno F, O'Neil J & Little CTS (2017) Evidence for early life in Earth's oldest hydrothermal vent precipitates. *Nature* **543**: 60–64.

Dominguez-Bello MG, Jesus-Laboy KM de & Shen N et al. (2016) Partial restoration of the microbiota of cesarean-born infants via vaginal microbial transfer. *Nature Medicine* **22**: 250–253.

Fernández L, Langa S, Martín V, Maldonado A, Jiménez E, Mar-

tín R & Rodríguez JM (2013) The human milk microbiota: Origin and potential roles in health and disease. *Pharmacological Research* **69**: 1–10.
Flemming H-C, Wingender J, Szewzyk U, Steinberg P, Rice SA & Kjelleberg S (2016) Biofilms: an emergent form of bacterial life. *Nature Reviews Microbiology* **14**: 563–575.
Hennet T & Borsig L (2016) Breastfed at Tiffany's. *Trends in Biochemical Sciences* **41**: 508–518.
Kelly CR, Kahn S, Kashyap P, Laine L, Rubin D, Atreja A, Moore T & Wu G (2015) Update on fecal microbiota transplantation 2015: Indications, methodologies, mechanisms, and outlook. *Gastroenterology* **149**: 223–237.
Kinross JM, Darzi AW & Nicholson JK (2011) Gut microbiome-host interactions in health and disease. *Genome Medicine* **3**: 14.
Kort R, Caspers M, van de Graaf A, van Egmond W, Keijser B & Roeselers G (2014) Shaping the oral microbiota through intimate kissing. *Microbiome* **2**: 41.
Leclercq S, Mian FM, Stanisz AM, Bindels LB, Cambier E, Ben-Amram H, Koren O, Forsythe P & Bienenstock J (2017) Low-dose penicillin in early life induces long-term changes in murine gut microbiota, brain cytokines and behavior. *Nature Communications* **8**: 15062.
Liu CM, Hungate BA & Tobian AAR et al. (2013) Male circumcision significantly reduces prevalence and load of genital anaerobic bacteria. *mBio* **4**: e00076.
Liu CM, Prodger JL & Tobian AAR et al. (2017) Penile anaerobic dysbiosis as a risk factor for HIV infection. *mBio* **8**: e00996-17.
Lloyd-Price J, Abu-Ali G & Huttenhower C (2016) The healthy human microbiome. *Genome Medicine* **8**: 1024.
McFall-Ngai M (2008) Host-microbe symbiosis: The Squid-Vibrio association – A naturally occurring, experimental mo-

del of animal/bacterial partnerships. *Advances in Experimental Medicine and Biology* **635**: 102-12.

Prescott SL (2017) History of medicine: Origin of the term microbiome and why it matters. *Human Microbiome Journal* **4**: 24–25.

Ross AA, Doxey AC & Neufeld JD (2017) The skin microbiome of cohabiting couples. *mSystems* **2**: e00043-17.

Sender R, Fuchs S & Milo R (2016) Are we really vastly outnumbered? Revisiting the ratio of bacterial to host cells in humans. *Cell* 164: 337–340.

Sevelsted A, Stokholm J, Bønnelykke K & Bisgaard H (2015) Cesarean section and chronic immune disorders. *Pediatrics* **135**: e92-e98.

Thomas CM & Nielsen KM (2005) Mechanisms of, and barriers to, horizontal gene transfer between bacteria. *Nature Reviews Microbiology* 3: 711-21.

Verma S & Miyashiro T (2013) Quorum sensing in the Squid-Vibrio symbiosis. *International Journal of Molecular Sciences* **14**: 16386–16401.

Vodstrcil LA, Twin J & Garland SM et al. (2017) The influence of sexual activity on the vaginal microbiota and Gardnerella vaginalis clade diversity in young women. *PLOS ONE* **12**: e0171856.

Vreeland RH, Rosenzweig WD & Powers DW (2000) Isolation of a 250 million-year-old halotolerant bacterium from a primary salt crystal. *Nature* **407**: 897–900.

Whiteley M, Diggle SP & Greenberg EP (2017) Progress in and promise of bacterial quorum sensing research. *Nature* **551**: 313–320.

Barker J & Bloomfield SF (2000) Survival of Salmonella in bathrooms and toilets in domestic homes following salmonellosis. *Journal of Applied Microbiology* **89**: 137–144.

Bloomfield SF, Rook GAW, Scott EA, Shanahan F, Stanwell-Smith R & Turner P (2016) Time to abandon the hygiene hypothesis: new perspectives on allergic disease, the human microbiome, infectious disease prevention and the role of targeted hygiene. *Perspectives in Public Health* **136**: 213–224.

Butt U, Saleem U, Yousuf K, El-Bouni T, Chambler A & Eid AS (2012) Infection risk from surgeons' eyeglasses. *Journal of Orthopaedic Surgery* **20**: 75–77.

Cardinale M, Kaiser D, Lueders T, Schnell S & Egert M (2017) Microbiome analysis and confocal microscopy of used kitchen sponges reveal massive colonization by Acinetobacter, Moraxella and Chryseobacterium species. *Scientific Reports* **7**: 5791.

Caselli E (2017) Hygiene: microbial strategies to reduce pathogens and drug resistance in clinical settings. *Microbial Biotechnology* **10**: 1079–1083.

Caudri D, Wijga A, Scholtens S, Kerkhof M, Gerritsen J, Ruskamp JM, Brunekreef B, Smit HA & Jongste JC de (2009) Early daycare is associated with an increase in airway symptoms in early childhood but is no protection against asthma or atopy at 8 years. *American Journal of Respiratory and Critical Care Medicine* **180**: 491–498.

Di Lodovico S, Del Vecchio A, Cataldi V, Di Campli E, Di Bartolomeo S, Cellini L & Di Giulio M (2018) Microbial contamination of smartphone touchscreens of Italian university students. *Current Microbiology* **75**: 336–342.

Dunn RR, Fierer N, Henley JB, Leff JW & Menninger HL (2013)

Home life: Factors structuring the bacterial diversity found within and between homes. *PLOS ONE* **8**: e64133.
Egert M, Schmidt I, Bussey K & Breves R (2010) A glimpse under the rim – the composition of microbial biofilm communities in domestic toilets. *Journal of Applied Microbiology* **108**: 1167–1174.
Egert M, Späth K, Weik K, Kunzelmann H, Horn C, Kohl M & Blessing F (2015) Bacteria on smartphone touchscreens in a German university setting and evaluation of two popular cleaning methods using commercially available cleaning products. *Folia Microbiologica* **60**: 159–164.
Gibbons SM, Schwartz T, Fouquier J, Mitchell M, Sangwan N, Gilbert JA & Kelley ST (2015) Ecological succession and viability of human-associated microbiota on restroom surfaces. *Applied and Environmental Microbiology* **81**: 765–773.
Gilbert JA (2017) How do we make indoor environments and healthcare settings healthier? *Microbial Biotechnology* **10**: 11–13.
Hesselmar B, Hicke-Roberts A & Wennergren G (2015) Allergy in children in hand versus machine dishwashing. Pediatrics **135**: e590-7.
Johnson DL, Mead KR, Lynch RA & Hirst DVL (2013) Lifting the lid on toilet plume aerosol: A literature review with suggestions for future research. *American Journal of Infection Control* **41**: 254–258.
Kotay S, Chai W, Guilford W, Barry K & Mathers AJ (2017) Spread from the sink to the patient: In situ study using green fluorescent protein (GFP)-expressing Escherichia coli to model bacterial dispersion from hand-washing sink-trap reservoirs. *Applied and Environmental Microbiology* **83**: e03327-16.
Lang JM, Eisen JA & Zivkovic AM (2014) The microbes we eat: abundance and taxonomy of microbes consumed in a day's worth of meals for three diet types. *PeerJ* **2**: e659.

Martin LJ, Adams RI & Bateman A et al. (2015) Evolution of the indoor biome. *Trends in Ecology & Evolution* **30**: 223–232.
Meadow JF, Altrichter AE & Green JL (2014) Mobile phones carry the personal microbiome of their owners. *PeerJ* **2**: e447.
Miranda RC & Schaffner DW (2016) Longer contact times increase cross-contamination of Enterobacter aerogenes from surfaces to food. *Applied and Environmental Microbiology* **82**: 6490–6496.
Raghupathi PK, Zupančič J, Brejnrod AD, Jacquiod S, Houf K, Burmølle M, Gunde-Cimerman N & Sørensen SJ (2018) Microbial diversity and putative opportunistic pathogens in dishwasher biofilm communities. *Applied and Environmental Microbiology* **84**: e02755-17.
Rook GA (2013) Regulation of the immune system by biodiversity from the natural environment: An ecosystem service essential to health. *Proceedings of the National Academy of Sciences* USA **110**: 18360–18367.
Rusin P, Orosz-Coughlin P & Gerba C (1998) Reduction of faecal coliform, coliform and heterotrophic plate count bacteria in the household kitchen and bathroom by disinfection with hypochlorite cleaners. *Journal of Applied Microbiology* **85**: 819–828.
Savage AM, Hills J, Driscoll K, Fergus DJ, Grunden AM & Dunn RR (2016) Microbial diversity of extreme habitats in human homes. *PeerJ* **4**: e2376.
Strachan DP (1989) Hay fever, hygiene, and household size. BMJ **299**: 1259–1260.
Xu J & Gordon JI (2003) Honor thy symbionts. *Proceedings of the National Academy of Sciences* USA **100**: 10452–10459.
Zupančič J, Novak Babič M, Zalar P & Gunde-Cimerman N (2016) The black yeast Exophiala dermatitidis and other selected opportunistic human fungal pathogens spread from dishwashers to kitchens. PLOS ONE **11**: e0148166.

# 3. SIE SIND MITTEN UNTER UNS


Barberis I, Bragazzi NL, Galluzzo L & Martini M (2017) The history of tuberculosis: from the first historical records to the isolation of Koch's bacillus. *Journal of Preventive Medicine and Hygiene* **58**: E9-E12.

Baum M & Liesen H (1997) Sport und Immunsystem. Der Orthopäde **26**: 976–980.

Bhullar K, Waglechner N, Pawlowski A, Koteva K, Banks ED, Johnston MD, Barton HA & Wright GD (2012) Antibiotic resistance is prevalent in an isolated cave microbiome. PLOS ONE **7**: e34953.

Brockmann D & Helbing D (2013) The hidden geometry of complex, network-driven contagion phenomena. *Science* **342**: 1337–1342.

Brolinson PG & Elliott D (2007) Exercise and the immune system. *Clinics in Sports Medicine* **26**: 311–319.

Falush D, Wirth T & Linz B et al. (2003) Traces of human migrations in Helicobacter pylori populations. *Science* **299**: 1582–1585.

Fätkenheuer G, Hirschel B & Harbarth S (2015) Screening and isolation to control meticillin-resistant Staphylococcus aureus: sense, nonsense, and evidence. *The Lancet* **385**: 1146–1149.

Furuse Y, Suzuki A & Oshitani H (2010) Origin of measles virus: divergence from rinderpest virus between the 11th and 12th centuries. *Virology Journal* **7**: 52.

Greaves I & Porter KM (1992) Holy spirit? An unusual cause of pseudomonal infection in a multiply injured patient. BMJ **305**: 1578.

Gupta S (2017) Microbiome: Puppy power. *Nature* **543**: S48-S49.

Hertzberg VS, Weiss H, Elon L, Si W & Norris SL (2018) Behaviors, movements, and transmission of droplet-mediated

respiratory diseases during transcontinental airline flights. *Proceedings of the National Academy of Sciences* USA **115**: 3623–3627.
Kirschner AKT, Atteneder M, Schmidhuber A, Knetsch S, Farnleitner AH & Sommer R (2012) Holy springs and holy water: underestimated sources of illness? *Journal of Water and Health* **10**: 349–57.
König C, Tauchnitz S, Kunzelmann H, Horn C, Blessing F, Kohl M & Egert M (2017) Quantification and identification of aerobic bacteria in holy water samples from a German environment. *Journal of Water and Health* **15**: 823–828.
Kuntz P, Pieringer-Müller E & Hof H (1996). Infektionsgefährdung durch Bißverletzungen. *Deutsches Ärzteblatt* **93**: A-969–72.
Maixner F, Krause-Kyora B & Turaev D et al. (2016) The 5300-year-old Helicobacter pylori genome of the Iceman. *Science* **351**: 162–165.
Markley JD, Edmond MB, Major Y, Bearman G & Stevens MP (2012) Are gym surfaces reservoirs for Staphylococcus aureus? A point prevalence survey. *American Journal of Infection Control* **40**: 1008–1009.
Mc Cay PH, Ocampo-Sosa AA & Fleming GTA (2010) Effect of subinhibitory concentrations of benzalkonium chloride on the competitiveness of Pseudomonas aeruginosa grown in continuous culture. *Microbiology* **156**: 30–38.
Meadow JF, Bateman AC, Herkert KM, O'Connor TK & Green JL (2013) Significant changes in the skin microbiome mediated by the sport of roller derby. *PeerJ* **1**: e53.
Neu L, Bänziger C, Proctor CR, Zhang Y, Liu W-T & Hammes F (2018) Ugly ducklings – the dark side of plastic materials in contact with potable water. *NPJ Biofilms and Microbiomes* **4**: 7.
Panchin AY, Tuzhikov AI & Panchin YV (2014) Midichlorians—the biomeme hypothesis: is there a microbial component to religious rituals? *Biology Direct* **9**: 14.

Pellerin J & Edmond MB (2013) Infections associated with religious rituals. *International Journal of Infectious Diseases* **17**: e945-e948.

Rees JC & Allen KD (1996) Holy water – a risk factor for hospital-acquired infection. *Journal of Hospital Infection* **32**: 51–55.

Sharp PM & Hahn BH (2011) Origins of HIV and the AIDS pandemic. *Cold Spring Harbor Perspectives in Medicine* **1**: a006841.

Stein MM, Hrusch CL & Gozdz J et al. (2016) Innate immunity and asthma risk in Amish and Hutterite farm children. *New England Journal of Medicine* **375**: 411–421.

Webber MA, Buckner MMC, Redgrave LS, Ifill G, Mitchenall LA, Webb C, Iddles R, Maxwell A & Piddock LJV (2017) Quinolone-resistant gyrase mutants demonstrate decreased susceptibility to triclosan. *Journal of Antimicrobial Chemotherapy* **72**: 2755–2763.

Weber A & Schwarzkopf A (2003). Heimtierhaltung – Chancen und Risiken für die Gesundheit. Gesundheitsberichterstattung des Bundes, Heft 19. Robert Koch-Institut in Zusammenarbeit mit dem Statistischen Bundesamt (Hrsg.), Berlin.

Weber DJ, Rutala WA & Sickbert-Bennett EE (2007) Outbreaks associated with contaminated antiseptics and disinfectants. *Antimicrobial Agents and Chemotherapy* **51**: 4217–4224.

Wood M, Gibbons SM, Lax S, Eshoo-Anton TW, Owens SM, Kennedy S, Gilbert JA & Hampton-Marcell JT (2015) Athletic equipment microbiota are shaped by interactions with human skin. *Microbiome* **3**: 25.

## 4. DR. BAZILLUS UND MR. KEIM

Bockmühl DP (2017) Laundry hygiene-how to get more than clean. *Journal of Applied Microbiology* **122**: 1124–1133.

Burton M, Cobb E, Donachie P, Judah G, Curtis V & Schmidt W-P (2011) The effect of handwashing with water or soap on bacterial contamination of hands. *International Journal of Environmental Research and Public Health* **8**: 97–104.

Callewaert C, Lambert J & van de Wiele T (2017) Towards a bacterial treatment for armpit malodour. *Experimental Dermatology* **26**: 388–391.

Callewaert C, Maeseneire E de, Kerckhof F-M, Verliefde A, van de Wiele T & Boon N (2014) Microbial odor profile of polyester and cotton clothes after a fitness session. *Applied and Environmental Microbiology* **80**: 6611–6619.

Callewaert C, van Nevel S, Kerckhof F-M, Granitsiotis MS & Boon N (2015) Bacterial exchange in household washing machines. *Frontiers in Microbiology* **6**: 1381.

Cano RJ & Borucki MK (1995) Revival and identification of bacterial spores in 25- to 40-million-year-old Dominican amber. *Science* **268**: 1060–1064

Dréno B, Pécastaings S, Corvec S, Veraldi S, Khammari A & Roques C (2018) Cutibacterium acnes (Propionibacterium acnes ) and acne vulgaris: a brief look at the latest updates. *Journal of the European Academy of Dermatology and Venereology* **32**: 5–14.

Egert M & Simmering R (2016) The microbiota of the human skin. *Advances in Experimental Medicine and Biology* **902**: 61–81.

Fierer N, Hamady M, Lauber CL & Knight R (2008) The influence of sex, handedness, and washing on the diversity of hand surface bacteria. *Proceedings of the National Academy of Sciences USA* **105**: 17994–17999.

Fredrich E, Barzantny H, Brune I & Tauch A (2013) Daily battle against body odor: towards the activity of the axillary microbiota. *Trends in Microbiology* **21**: 305–312.

Jönsson KI, Rabbow E, Schill RO, Harms-Ringdahl M & Rettberg P (2008) Tardigrades survive exposure to space in low Earth orbit. *Current Biology* **18**: R729–R731

Kubota H, Mitani A, Niwano Y, Takeuchi K, Tanaka A, Yamaguchi N, Kawamura Y & Hitomi J (2012) Moraxella species are primarily responsible for generating malodor in laundry. *Applied and Environmental Microbiology* **78**: 3317–3324.

Lang JM, Coil DA, Neches RY, Brown WE, Cavalier D, Severance M, Hampton-Marcell JT, Gilbert JA & Eisen JA (2017) A microbial survey of the International Space Station (ISS). *PeerJ* **5**: e4029.

Martin A, Saathoff M, Kuhn F, Max H, Terstegen L & Natsch A (2010) A functional ABCC11 allele is essential in the biochemical formation of human axillary odor. *Journal of Investigative Dermatology* **130**: 529–540.

Natsch A (2015) What makes us smell: The biochemistry of body odour and the design of new deodorant ingredients. *CHIMIA International Journal for Chemistry* **69**: 414–420.

Natsch A, Gfeller H, Gygax P & Schmid J (2005) Isolation of a bacterial enzyme releasing axillary malodor and its use as a screening target for novel deodorant formulations. *International Journal of Cosmetic Science* **27**: 115–122.

Peterson SN, Snesrud E, Liu J, Ong AC, Kilian M, Schork NJ & Bretz W (2013) The dental plaque microbiome in health and disease. *PLOS ONE* **8**: e58487.

Probst AJ, Auerbach AK & Moissl-Eichinger C (2013) Archaea on human skin. *PLOS ONE* **8**: e65388.

Raynaud X & Nunan N (2014) Spatial Ecology of bacteria at the microscale in soil. *PLOS ONE* **9**: e87217.

Stapleton K, Hill K, Day K, Perry JD & Dean JR (2013) The potential impact of washing machines on laundry malodour generation. *Letters in Applied Microbiology* **56**: 299–306.

Turroni S, Rampelli S & Biagi E et al. (2017) Temporal dynamics of the gut microbiota in people sharing a confined environment, a 520-day ground-based space simulation, MARS500. *Microbiome* **5**: 39.

Wilson JW, Ott CM & Bentrup KH et al. (2007) Space flight alters bacterial gene expression and virulence and reveals a role for global regulator Hfq. *Proceedings of the National Academy of Sciences USA* **104**: 16299–16304.